ÉTABLISSEMENTS

DE

MM. SCHNEIDER & Cⁱᵉ

SIÈGE SOCIAL & DIRECTION GÉNÉRALE

42, RUE D'ANJOU, PARIS

ÉTABLISSEMENTS

DE

MM. SCHNEIDER & CIE

SIÈGE SOCIAL & DIRECTION GÉNÉRALE :

42, RUE D'ANJOU, PARIS.

(Précédemment : 1, Boulevard Malesherbes).

NEVERS

IMPRIMERIE MAZERON FRÈRES

—

1900

La présente brochure est destinée à décrire sommairement les Etablissements de MM. Schneider et Cie; on en trouvera ci-contre la nomenclature.

L'Etablissement du Creusot étant le plus ancien et le plus important, il est donné tout d'abord une notice historique de sa fondation.

Les autres Etablissements sont ensuite décrits successivement. Comme on le verra, un certain nombre d'entre eux ont été fondés dès l'origine de la Société Schneider et Cie; d'autres sont en voie d'agrandissement ou de création.

M. J.-E. Schneider.

M. H. Schneider.

M. E. Schneider.

SCHNEIDER & CIE

SOCIAL ET DIRECTION GÉNÉRALE :

42, RUE D'ANJOU, PARIS

(Précédemment : 1, Boulevard Malesherbes).

ÉTABLISSEMENTS

CETTE : Hauts-Fourneaux, Aciéries et Forges.

CHALON-SUR-SAONE : Chantiers de Constructions navales et de Ponts et Charpentes.

CHAMPAGNE-SUR-SEINE : Ateliers d'électricité.

CREUSOT (LE) : Houillères, Hauts-Fourneaux, Aciéries, Forges, Ateliers de Constructions, Ateliers d'Electricité, Ateliers d'Artillerie, Polygone de la Villedieu.

DECIZE : Houillères.

ESPAGNE : Mines de fer.

HAVRE (LE) : Ateliers d'Artillerie, Polygone du Hoc, Champ de tir à longue portée d'Harfleur.

MAZENAY, CRÉOT ET CHANGE : Mines de fer.

MONTCHANIN ET LONGPENDU : Houillères.

PERRECIL : Usine de Produits réfractaires.

En plus des Établissements précités qui leur appartiennent en propre, MM. Schneider et Cie possèdent des intérêts très importants et des participations dans plusieurs Établissements français et étrangers.

LES ÉTABLISSEMENTS

DE

MM. SCHNEIDER & CIE

HISTORIQUE DES MINES & USINES
LEURS DÉVELOPPEMENTS SUCCESSIFS

Avant de devenir le grand centre industriel qu'il est aujourd'hui, le Creusot a passé par des phases variées : des alternatives de prospérité et de revers ont marqué la première partie de son existence.

Depuis que MM. Schneider l'ont acquis, il est devenu l'un des établissements sidérurgiques les plus vastes et le plus merveilleusement organisés.

Le premier document connu dans lequel il est question du Creusot est un acte de vente, daté de 1253, par lequel Henry de Monestoy cédait à Hugues IV, duc de Bourgogne, la " Villa de Crosot ". Ce n'était alors qu'une " Villa " ou métairie, habitée par quelques personnes. Cette métairie était établie sur un gisement houiller, dont l'existence fut reconnue en 1502, époque des premières tentatives d'exploitation par les cultivateurs du hameau. En 1782, une Société se constituait, sous le patronage de Louis XVI, pour l'exploitation des Fonderies royales de Montcenis, alimentées par la Mine du Creusot, qui avait été concédée à M. de la Chaise.

Ce n'est qu'en 1786 que ce dernier céda ses droits à la Société. Quatre Hauts-Fourneaux furent ensuite érigés, et l'ingénieur anglais William Wilkinson, inventeur du cubilot pour refondre la fonte au coke, fut appelé pour y appliquer sa méthode. L'eau manquant pour actionner les appareils, on dut employer comme force motrice la machine à vapeur perfectionnée par Watt. En 1785, de nouveaux puits sont ouverts et la Fonderie est en si bonne voie que l'Usine occupe plus de 1.500 personnes logées par elle. En 1787, la Manufacture de cristaux de la Reine, établie à Sèvres, fut transférée au Creusot; cette cristallerie fonctionna jusqu'en 1832. La création, à proximité du Creusot, du Canal du Centre, ouvert à la navigation en 1793, le dote d'une voie de communication très importante. A cette même époque, le Creusot cesse d'être une dépendance du Breuil et est érigé en commune. Pendant la Révolution, la Fonderie fut réquisitionnée et exploitée pour le compte de la Nation. Sous l'Empire, le Creusot travailla pour le Gouvernement et fabriqua des canons de fonte et de bronze et des projectiles. En 1815, la paix succédant à la guerre, les canons et leurs projectiles n'alimentent plus la Fonderie et celle-ci ne pouvant transformer sa fabrication, le travail cesse complètement. La Société avait absorbé un capital de 14 millions. Un des créanciers, M. Chagot père, achète le Creusot, en 1818, pour 905.000 francs. En 1823, M. Chagot forme avec ses enfants une Société dans laquelle la Société anglaise Manby-Wilson entre pour 1 million. Celle-ci ne réussit pas, et fait place, en 1828, à la Société anonyme des Usines, Forges, Fonderies du Creusot et de Charenton. Cette nouvelle Société, après divers essais malheureux, aboutit à une faillite, le 25 juin 1833.

Acheté par MM. Coste frères, Jules Chagot et autres, le 25 novembre 1835, le Creusot passa en 1836 entre les mains de M. Eugène Schneider, maître de forges à Bazeilles qui, avec son frère Adolphe Schneider, constitua une Société en commandite par actions sous la raison sociale "Schneider frères et Cie". A la mort de son frère, le 3 août 1845, M. Eugène Schneider resta seul à la tête du Creusot; c'est alors que fut adoptée la raison sociale actuelle : "Schneider et Cie". Son fils, M. Henri Schneider, né en 1840, associé à son père depuis 1867, devint seul gérant à la mort de ce dernier (27 novembre 1875). Il s'était associé son fils, M. Eugène Schneider, lequel est devenu seul gérant depuis le décès de M. Henri Schneider, survenu le 17 mai 1898.

MM. Schneider arrivèrent au Creusot au moment où les chemins de fer et la navigation à vapeur allaient donner une immense impulsion à l'industrie métallurgique. Ils comprirent immédiatement que, pour répondre aux exigences d'une situation nouvelle, il fallait tout d'abord donner à l'Usine des développements considérables. Des ateliers de constructions mécaniques furent créés au Creusot et des chantiers pour l'exécution du matériel de navigation furent installés, sur les bords de la Saône, à Chalon. En 1838, la première locomotive fabriquée sur le sol français sortait

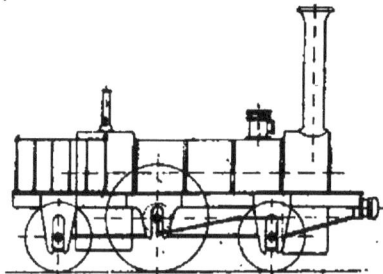

**Première locomotive construite
par MM. Schneider.**

du Creusot ; jusqu'alors les locomotives venaient d'Angleterre. En 1839, l'Usine fournissait d'autres locomotives et des bateaux à vapeur pour la Saône et le Rhône. Tout ce matériel avait été construit à l'aide d'un outillage relativement imparfait; c'est alors que

M. Bourdon, ingénieur au Creusot, inventa un engin nouveau d'une grande puissance, le marteau-pilon, qui permit de forger facilement de grosses pièces. Avec cet outil, MM. Schneider et Cie purent construire les appareils de frégates de 1.350 chevaux et de grands paquebots.

MM. Schneider continuèrent à développer leurs Etablissements du Creusot d'année en année. En 1855, au moment de la guerre de Crimée, ils rendirent les plus grands services au pays en livrant très rapidement un nombre considérable de machines pour vaisseaux de guerre et des plaques de blindage pour batteries flottantes; en sept mois, ils construisirent 17 machines de 450 chevaux pour canonnières et batteries flottantes. Ils achevèrent 4 machines de 1.950 chevaux pour vaisseaux de ligne et commencèrent 3 machines de 2.400 chevaux pour frégates.

En 1860, les traités de commerce changèrent la face des choses : l'abaissement des droits d'entrée ouvrit toutes grandes les portes de la France à la concurrence étrangère. La situation était critique : vaincre ou mourir, telle était la seule alternative pour l'industrie française. MM. Schneider acceptèrent sans hésiter la lutte, aucun sacrifice ne leur coûta. Désarmés devant l'étranger mieux outillé, et produisant dans de meilleures conditions, ils modifièrent et complétèrent leur outillage; l'Usine fut pour ainsi dire renouvelée. Le nombre des hauts-fourneaux s'accrut; une nouvelle forge, capable de suffire à une production annuelle de 150.000 tonnes, fut construite; les voies ferrées de l'Usine furent augmentées et prolongées jusqu'aux mines de fer de Mazenay; une fabrique de produits réfractaires fut aménagée au bord du Canal du Centre, aux forges de Perreuil. Vers 1867, l'industrie de l'acier fit son apparition au Creusot; MM. Schneider employèrent d'abord le procédé Martin-Siemens, puis ensuite et concurremment le procédé Bessemer; de ce

Usines de MM. Schneider et Cie, au Creusot. Vue générale.

moment date la fabrication des rails d'acier, des tôles et des barres en acier doux pour la construction des navires de guerre, des canons en acier. C'est ainsi que MM. Schneider purent contribuer, pour une large part, au renouvellement du matériel d'artillerie de l'armée de terre et de marine. En 1875, on installa un atelier pour le forgeage des grosses pièces en acier et pour la fabrication des bandages en acier, destinés aux roues de locomotives et de wagons. En 1876, pour l'exécution des arbres de grosses machines marines et des canons d'acier de gros calibres, MM. Schneider construisirent un marteau-pilon de 100 tonnes. Jusqu'à cette époque les seules plaques de blindage employées pour le cuirassement des navires étaient des plaques en fer ou des plaques mixtes (à face avant en acier et face arrière en fer). MM. Schneider, mettant à profit les propriétés spéciales de l'acier, présentent pour la première fois, en 1876, aux expériences comparatives faites à Spezia (Italie), une plaque de blindage complètement en acier. Le succès éclatant qu'ils obtiennent à ces essais leur vaut, de la part du Gouvernement Italien, la commande des blindages en acier des deux cuirassés " Duilio " et " Dandolo." Cette question des blindages donna lieu à bien des polémiques et MM. Schneider eurent à subir de nombreuses attaques de leurs adversaires, aussi bien français qu'anglais. Ces derniers ont employé pendant plusieurs années une foule d'arguments spécieux en faveur des blindages mixtes, les seuls qu'ils pouvaient fabriquer; ils ont cependant été forcés, par la suite, à reconnaître ce progrès dû à l'initiative de MM. Schneider et à s'outiller en conséquence.

L'expérience donna raison à MM. Schneider et depuis longtemps déjà, les diverses marines ont reconnu les avantages résultant, pour la défense, de l'emploi des blindages tout acier. Ceux-ci sont exclusivement employés aujourd'hui.

Les perfectionnements qui furent sans cesse apportés dans les moyens de défense, depuis l'apparition
des blindages, eurent pour résultat d'entraîner des
progrès correspondants dans les engins dont disposait
l'attaque. Les canons de fonte se chargeant par la
bouche furent successivement remplacés par des
canons en bronze, puis par des canons en acier se
chargeant par la culasse, qui sont aujourd'hui d'un
emploi général. En leur qualité de grands producteurs
d'acier, MM. Schneider ont pris la première position
dans la fabrication des canons en acier. L'exécution de
ces bouches à feu avait lieu, à l'origine, dans les
Ateliers de Constructions mécaniques. Désireux de
développer au Creusot l'industrie, déjà si importante,
du matériel de guerre, MM. Schneider ont créé, en
1888, de vastes Ateliers d'Artillerie, où s'exécutent les
opérations de finissage des bouches à feu et la fabrication des affûts et du matériel de fortifications. A
proximité de ces ateliers se trouve un Polygone, dans
lequel se font les essais de tir des canons et des
affûts et les tirs sur les plaques de blindage. Peu de
temps après la création des Ateliers d'Artillerie,
MM. Schneider créèrent un Service d'Électricité, comprenant des ateliers importants. Suivant le courant
d'idées qui s'est produit depuis quelques années en
faveur de la substitution de l'acier à la fonte, pour
l'exécution des pièces moulées entrant dans les
diverses constructions, MM. Schneider ont installé en
1892 un atelier spécial pour la coulée de ces pièces.
En présence des commandes de cuirassement de plus
en plus nombreuses qu'ils recevaient des Gouverne-
ments des différents pays, MM. Schneider ont été dans
l'obligation de développer considérablement l'outillage qu'ils avaient créé pour cette fabrication. Par
suite des perfectionnements qu'ils ont constamment
apportés dans cette branche si importante de l'industrie, et aussi en raison de l'apparition de nouveaux

blindages à face durcie (dont ils ont livré les premiers spécimens en 1893), fabriqués par un procédé breveté qui leur est propre, ils ont dû créer de nouvelles et coûteuses installations pour le forgeage, la cémentation, la trempe et l'ajustage des plaques. Ces transformations et agrandissements successifs de l'atelier de forgeage des grosses pièces n'ont pas permis d'y conserver le matériel de fabrication des bandages de locomotives et de wagons, qui y avait été primitivement installé. Ce matériel a été transporté dans un atelier spécial, aménagé à cet effet, qui a été mis en marche dans le courant de l'année 1895. A mesure que l'usine se développait, la ville prenait de l'extension et le Creusot, qui, en 1836, avait 2.700 habitants, en compte aujourd'hui plus de 32.000.

Enfin, au mois de janvier 1897, MM. Schneider et Cie ont acheté les ateliers d'artillerie de la Société des Forges et Chantiers de la Méditerranée, et ont réuni les ateliers d'artillerie du Creusot et du Havre et les polygones du Hoc, à l'embouchure de la Seine, et de la Villedieu, au Creusot, sous la désignation de " Services de l'Artillerie." Un polygone à longue portée à Harfleur, à proximité du Havre, a été complètement aménagé par MM. Schneider et Cie, pour l'établissement de tables de tir, les essais de précision à grande distance, pour les tirs avec explosifs puissants et pour l'étude expérimentale des fusées. Ils ont placé ces Services sous la direction de M. Canet, l'éminent ingénieur, dont la compétence en matière d'artillerie est connue et appréciée du monde entier. Cette fusion met à la disposition de MM. Schneider des moyens d'action considérables, qui seront encore accrus du fait de l'augmentation de l'outillage existant qu'ils poursuivent actuellement.

Le champ de tir du Hoc est situé à proximité des ateliers du Havre, auxquels il est relié par une voie ferrée. Ce champ de tir permet de faire, avec toute la précision désirable, les essais des canons et affûts de tous calibres et sous tous les angles de tir. Les tirs en mer, à grande distance et les essais des matériels de bord et de côtes y sont effectués exactement dans les conditions prévues pour le service auquel ils sont destinés.

Tels sont, dans leurs grandes lignes, l'œuvre accomplie et les progrès réalisés par MM. Schneider.

GÉNÉRALITÉS SUR LES USINES
MATIÈRES CONSOMMÉES,
PRODUITS FABRIQUÉS ANNUELLEMENT,
PERSONNEL.

Les Usines Schneider occupent environ 970 hectares (ateliers, cours, polygones, voies ferrées).

Les Usines du Creusot à elles seules s'étendent sur 4 kilomètres sans interruption. Les différents Services sont reliés entre eux par un réseau de voies ferrées d'un développement de 300 kilomètres, desservi par un matériel de 30 locomotives et 1.500 wagons. Le port de Bois-Bretoux, établi sur les bords du Canal du Centre, à Montchanin, présente les dispositions les plus pratiques pour le transbordement économique

Port de Bois-Bretoux.

des matériaux, machines, etc., que l'on reçoit et que l'on expédie par eau. Le Service des Chemins de fer appartenant à MM. Schneider et Cᵢₑ comprend 50 à 60 trains réguliers par jour, donnant un tonnage journalier de 7.000 tonnes transportées à une distance moyenne de 10 kilomètres, soit, pour une année, 21 millions de tonnes kilométriques.

Les différents bureaux, ateliers, les cours des Usines, ainsi que le port de Bois-Bretoux sont éclairés à l'électricité. Les diverses machines dynamos affectées, tant au service de l'éclairage qu'à celui des transports de force, représentent une puissance totale de plus de 20.000 chevaux-vapeur. Nous indiquons dans les tableaux ci-dessous quelques chiffres, qui permettront de se faire une idée assez exacte de l'importance des Usines Schneider.

CONSOMMATION

Houilles et cokes (consommation annuelle).	515.000 tonnes.
Fontes (consommation annuelle)..........	110.000 —

PRODUCTION

Fers et aciers laminés..............	130.000 tonnes.
Blindages.................................	6.000 —
Ateliers de constructions et Ateliers d'artillerie.................................	(Mémoire).
Constructions navales } Ponts et charpentes }	10.000 tonnes.
	146.000 tonnes.

SUPERFICIE

1° Surface occupée par les Etablissements de MM. Schneider et Cᵢₑ (ateliers, cours, polygones et voies ferrées).............	970 hectares.
2° Terrains réservés au personnel (maisons, jardins), Eglises, Ecoles.........	240 —
3° Terrains agricoles....................	1.800 —
Total...............	3.010 hectares.

PERSONNEL

L'effectif du personnel, employés et ouvriers de MM. Schneider et Cie, est en moyenne de 15.000 personnes et sera sensiblement augmenté par les établissements en construction. La stabilité de ce personnel est des plus remarquables. Un tiers du personnel a plus de vingt ans de services, un quart a plus de vingt-cinq ans, enfin un huitième a plus de trente ans. Sauf l'interruption du service militaire et du tour de France, il y a là, pour la plupart, des services consécutifs. Il n'est pas rare de trouver des familles ayant, en deux ou trois générations, cinq, six, sept membres et même plus, faisant simultanément partie du personnel de MM. Schneider et Cie. Parfois, on a pu voir en même temps, un père ouvrier ou chef d'équipe, un fils employé ou contre-maître, un petit-fils ingénieur. Nombreuses sont les familles qui, dans les Établissements de MM. Schneider et Cie, ont fait ainsi graduellement, par le travail, une ascension continue et durable.

INSTITUTIONS PATRONALES DE MM. SCHNEIDER ET Cie

I — Allocations et libéralités diverses. — La plupart des travaux se font à l'entreprise : l'ouvrier est donc payé suivant son mérite, à un prix de journée minimum, auquel s'ajoute le bénéfice de l'entreprise. En sus du prix de journée, le personnel profite de diverses subventions en nature ou en argent qui, pour la plupart, constituent de véritables augmentations, directes ou indirectes, des salaires et des traitements. Voici le détail et l'importance de ces diverses subventions pour l'exercice 1898-1899.

Versement à la Caisse Nationale des Retraites. Rentes complémentaires pour assurer un minimun de 365 francs........................	727.608 fr.
Bureau de secours de MM. Schneider et Cie.... Service médical et pharmaceutique (à domicile et à l'Hôtel-Dieu) .... Allocations aux ouvriers malades et blessés...	366.019 fr.
Allocations aux réservistes et aux territoriaux. Allocations aux pères de famille ayant plus de cinq enfants âgés de moins de 15 ans........ Subvention résultant de ce que les maisons et jardins sont loués au-dessous de leur valeur. Chauffage................................ Café donné aux ouvriers pendant les chaleurs, etc................................	837.272 fr.
Cultes.................................... Ecoles.................................... Municipalités............................ Musique.................................. Sociétés diverses (Cercles, Histoire naturelle, Vélo-Club, Gymnastique, Courses, etc....... Allocations diverses.......................	357.871 fr.
TOTAL....................	2.288.770 fr.

II — Épargne. — MM. Schneider et Cie ont toujours reçu en dépôt les économies de leur personnel. Le taux d'intérêt qu'ils servent est de 5 % jusqu'à 1.000 francs, de 4 % pour le surplus, jusqu'à 2.000 francs, et de 3 % pour le surplus, jusqu'à 20.000 francs.

III — Propriété du foyer. — MM. Schneider ont, depuis longtemps, favorisé, pour leur personnel, la propriété du foyer, en vendant à prix réduit, les terrains qui leur appartenaient et en faisant d'importantes avances d'argent. Même dans le cas où MM. Schneider et Cie prêtent tout le capital nécessaire à l'achat du terrain et à la construction, l'ouvrier devient immédiatement propriétaire d'une maison bâtie par lui, suivant ses goûts, au lieu d'avoir simplement, comme dans d'autres centres ouvriers, l'espérance lointaine et problématique de devenir lentement et graduellement propriétaire d'une maison bâtie par le patron. Beaucoup d'ouvriers et employés ont construit leur maison sans rien emprunter, en se servant des économies déposées chez MM. Schneider et Cⁱᵉ. MM. Schneider n'ont imposé aucun type de construction. Les ouvriers et employés ont bâti eux-mêmes, dans le quartier qu'ils ont choisi, la maison qu'ils ont voulue. En fait, le type qui a prévalu est celui de la Maison de famille, isolée des autres, à un seul logement de deux à cinq pièces avec jardin et dépendances.

IV — Ouvriers locataires. — Les maisons que MM. Schneider et Cⁱᵉ possèdent dans leurs divers Etablissements comprennent 1.334 logements, la plupart avec un jardin de la contenance de 700 à 800 mètres carrés, une basse-cour, une écurie à porc, etc. MM. Schneider ont exclusivement adopté, pour leurs cités, un type comprenant une maison à un seul logement, isolée des autres, avec un jardin clôturé. Ces logements, très recherchés, sont une récompense pour le personnel. On tient compte de la qualité et de la durée des services, des charges de famille et de toutes les considérations qui peuvent militer en faveur de l'ouvrier. Le prix de loyer varie de 1 fr. 25 à 8 francs par mois. Ces logements sont souvent gratuits pour des ouvriers retraités ou des veuves chargées de famille. Les logements sont entretenus propres et salubres aux frais de MM. Schneider et Cⁱᵉ. Un surveillant spécial est chargé d'inspecter les logements et d'en assurer la bonne tenue. En sus des jardins attenant aux logements, et qui ont près de 25 hectares, il y a 2.383 jardins, d'une contenance totale de plus de 102 hectares.

V — Retraites. — MM. Schneider et Cⁱᵉ font, chaque

trimestre, à la Caisse Nationale des Retraites, de leurs deniers et à titre de don volontaire et sans aucune retenue sur le salaire, les versements nécessaires pour assurer dans l'avenir, à leur personnel, le bénéfice d'une retraite proportionnelle au temps de services et aux sommes gagnées. Tout employé ou ouvrier, de nationalité française, faisant partie du personnel des Usines du Creusot et de la région, âgé de vingt-trois ans, ayant trois ans de services, est appelé à jouir de cette faveur, sans aucune retenue sur son salaire ou traitement. Les versements ont été, au début, de 3 % du salaire, dont 2 % pour le mari et 1 % pour la femme. A plusieurs reprises, afin d'augmenter la retraite de leur personnel, MM. Schneider ont doublé, puis triplé le taux des versements. Ce doublement ou triplement a été fait douze fois dans les vingt dernières années. Le taux actuel des versements est de 3 % pour le mari et de 2 % pour la femme. Si le mari a plus de soixante ans, le taux est de 6 % pour lui et de 4 % pour sa femme. Les versements sont faits en vue d'une rente viagère à capital aliéné; toutefois, sur la demande de l'intéressé, le capital peut être réservé. Un livret personnel pour l'employé ou l'ouvrier et pour sa femme est créé à partir du premier versement et constitue, dès lors, une propriété personnelle définitive et irrévocable. L'ouvrier ou l'employé quittant volontairement son travail, ou congédié à une époque quelconque, conserve, pour lui et pour sa femme, les droits à la retraite, en proportion des versements déjà faits par MM. Schneider et Cie. Pour jouir de la retraite, il lui suffira d'arriver à l'âge requis par les lois et règlements sur la Caisse Nationale des Retraites. Par suite des réductions successives apportées par l'Etat, au taux de l'intérêt servi par la Caisse Nationale des Retraites à ses déposants, les versements faits par MM. Schneider et Cie n'ont pas produit les résultats sur lesquels ils comptaient, quand ils ont créé leur service des retraites. Pour remédier à cette situation, MM. Schneider ont décidé, à partir du 1ᵉʳ janvier 1893, d'assurer une rente minimum de 300 francs à leurs ouvriers des Usines du Creusot et de la région ayant trente ans de bons et loyaux services. La rente de la femme, résultant des versements faits pour elle à la Caisse Nationale des Retraites, est en sus de ce chiffre de 300 francs. M. Eugène Schneider a porté la rente minimum de 300 à 365 francs, à courir du 17 mai 1898, jour du décès de son père, M. Henri Schneider. Toutes les pensions de retraite sont incessibles et insaisissables en totalité.

VI — Subventions charitables. — MM. Schneider et Cⁱᵉ ont toujours accordé d'importantes subventions aux Bureaux de bienfaisance des diverses localités dans lesquelles ils ont leurs Etablissements. Au Creusot, ils ont créé un Bureau de secours spécial. Ces bureaux distribuent, au nom de MM. Schneider et Cⁱᵉ, des allocations mensuelles en argent aux anciens ouvriers nécessiteux, qui, en petit nombre d'ailleurs, ne profitent pas de la pension complétée à 365 francs parce qu'ils n'ont pas trente ans de services. Les subventions charitables profitent à tous les indigents du pays, surtout aux veuves et orphelins laissés par les ouvriers de MM. Schneider et Cⁱᵉ.

VII — Écoles. — La mise à exécution de la loi du 28 mars 1882, sur l'enseignement primaire obligatoire, a diminué sensiblement le nombre et l'importance des Ecoles entretenues par MM. Schneider et Cⁱᵉ. Jusqu'en 1882, MM. Schneider et Cⁱᵉ supportaient tous les frais de l'instruction primaire au Creusot. Les Écoles de garçons comprenaient, en dernier lieu, un Groupe spécial comportant l'enseignement primaire supérieur et quatre autres groupes (Centre, Ouest, Sud, Est) pour l'enseignement primaire élémentaire. MM. Schneider ont conservé le Groupe spécial en le transformant en Ecole libre. Le recrutement se fait, chaque année, par la voie d'un concours, auquel peuvent prendre part tous les élèves des autres écoles du Creusot. Prochainement ces deux groupes seront transformés et sensiblement augmentés, de manière à relever le niveau des études et à assurer une instruction meilleure à un plus grand nombre d'enfants. MM. Schneider ont créé, au Creusot, en 1891, une École primaire élémentaire. Deux aumôniers sont attachés au Groupe spécial et au Groupe élémentaire. MM. Schneider et Cie entretiennent également au Creusot des Écoles libres de filles et des Salles d'asiles qui sont dirigées par les Sœurs Saint-Joseph de Cluny aidées d'auxiliaires laïques. MM. Schneider et Cie entretiennent aussi des Écoles de garçons et de filles et des Salles d'asiles dans leurs divers Établissements et en supportent tous les frais. Les Écoles comprennent 28 classes pour les garçons, 34 classes pour les filles et 10 salles d'asiles. Le corps enseignant comprend actuellement plus de 100 personnes.

VIII — Maison de retraite. — Cet Etablissement, inauguré le 4 janvier 1887, a été fondé et doté par Mme veuve Eugène Schneider et M. et Mme Henri Schneider. Les constructions, d'une valeur de 340.000 francs, ont été faites par MM. Schneider et Cie et à leurs frais. La Maison de retraite donne gratuitement un asile confortable à 70 vieillards des deux sexes, choisis, en premier lieu, parmi les ouvriers de MM. Schneider et Cie, leurs femmes et leurs veuves, en deuxième lieu, parmi les indigents de la ville du Creusot, en troisième lieu, parmi les indigents du canton du Creusot. Cet Etablissement est desservi par les Sœurs Saint-Joseph de Cluny.

IX — Malades et blessés. — MM. Schneider et Cie

assurent à leur personnel du Creusot, sans aucune retenue sur les traitements ou salaires, le Service médical et pharmaceutique. Ce Service profite :

1° A tout le personnel actif;

2° Aux ouvriers pensionnés à raison d'un accident de travail;

3° Aux veuves pensionnées à raison de la mort de leur mari, causée par un accident de travail;

4° A la femme de l'employé ou de l'ouvrier;

5° A ses enfants au-dessous de quinze ans;

6° A la fille aînée, non mariée, qui remplace dans le ménage la mère décédée;

7° A la mère veuve, qui tient le ménage de son fils célibataire;

8° Aux anciens ouvriers qui bénéficient de la retraite complémentaire de 365 francs et à leur femme.

Le bénéfice du Service médical et pharmaceutique est souvent accordé au père et à la mère de l'employé, ou de l'ouvrier marié, pourvu qu'ils soient à sa charge et qu'ils habitent avec lui. Les ouvriers malades, ayant trois mois de services et dont l'incapacité de travail dure plus de cinq jours, reçoivent pendant six mois, une allocation quotidienne. Les ouvriers blessés reçoivent cette allocation dès le jour de l'accident, jusqu'à la reprise du travail ou la liquidation de la pension, accordée pour invalidité. L'allocation quotidienne varie de un à deux francs.

X — Hôtel-Dieu du Creusot — Cet Etablissement, inauguré le 15 septembre 1894, a été fondé et doté par Mme veuve Eugène Schneider et M. et Mme Henri Schneider. MM. Schneider et Cie ont participé par une subvention importante, à sa construction, et ont donné l'emplacement sur lequel il s'élève, ainsi que le domaine qui l'entoure, dont la contenance est de près de 60 hectares. Plusieurs souscriptions particulières sont venues augmenter le patrimoine de l'Hôtel-Dieu. Il a été construit pour remplacer une infirmerie et un hôpital, devenus insuffisants, dont MM. Schneider et Cⁱᵉ supportaient tous les frais. L'Hôtel-Dieu comprend 128 lits : il a été aménagé pour en recevoir le double, si les besoins l'exigeaient. Il a coûté 1.650.000 francs. L'Hôtel-Dieu assure, à domicile, le service médical et pharmaceutique aux employés et ouvriers de MM. Schneider et Cⁱᵉ et à leur famille. Il assure, en cas de blessure ou de maladie, le Service hospitalier: en premier lieu, au personnel de MM. Schneider et Cⁱᵉ, en second lieu, aux habitants de la ville et du canton du Creusot, en troisième lieu, aux troupes tenant garnison au Creusot, en quatrième lieu, aux étrangers en résidence au Creusot.

Le Service hospitalier a été confié aux Religieuses de l'Ordre de Notre-Dame des Sept-Douleurs, dont la maison mère est à l'hôpital Saint-Jacques de Besançon.

XI — Sœurs des malades. — Depuis le 1ᵉʳ avril 1897, MM. Schneider ont fait appel à la communauté des Sœurs Franciscaines de Montfaucon-du-Velay, pour faire le Service à domicile des malades et blessés.
Ce Service comprend :

1° La visite, les soins et la garde, le jour et la nuit, des malades et blessés ;

2° Le contrôle de la rigoureuse exécution des prescriptions médicales et de la bonne administration des médicaments ordonnés ;

3° Les démarches nécessaires pour assurer les visites des médecins et pour apporter les médicaments ordonnés ;

4° Les soins à donner aux enfants et aux ménages des malades et blessés, visités à domicile, ou soignés à l'Hôtel-Dieu.

Ce Service profile gratuitement, en premier lieu, au personnel de MM. Schneider et Cⁱᵉ (employés, ouvriers et leur famille), en second lieu, aux habitants de la ville et du canton du Creusot, en troisième lieu, aux étrangers en résidence temporaire au Creusot.

DESCRIPTION DES ÉTABLISSEMENTS

SERVICES DES MINES

I. — HOUILLÈRES

Houillères de Decize. — Les Houillères de Decize, dont le Siège d'exploitation est à La Machine (Nièvre), sont des plus anciennement connues. Il en est question dans un arrêt du 16 juillet 1689. Concédées définitivement à M. de Mallevault, par décret du 16 août 1806, elles devinrent, en 1869, la propriété de

Puits des Zagots, à Decize.

MM. Schneider et C⁰. Ces Houillères communiquent avec le Creusot (88 kil.) par le chemin de fer P.-L.-M.

3

(ligne de Chagny à Nevers). Une voie ferrée particulière de 8 kilomètres de longueur relie les houillères :

1° Au canal du Nivernais (port du Rio), et, 2° au chemin de fer P.-L.-M., par un embranchement aboutissant à la gare de Decize (Nièvre).

Une importante installation de lavage et de préparation mécanique est établie au Pré-Charpin, sur la voie ferrée appartenant à MM. Schneider et Cⁱᵉ. En 1895, MM. Schneider ont installé un transport de force électrique, qui dessert les divers puits, pour actionner des ventilateurs et fournir la lumière. Le développement de la ligne électrique est de 8 kilomètres.

Houillères de Montchanin et Longpendu. — Ces Houillères forment deux concessions distinctes :

1° Celle de Montchanin, faisant partie de la concession du Creusot, dont elle a été séparée par ordonnance royale du 24 octobre 1838. MM. Schneider et Cⁱᵉ en firent l'apport à une Société formée en 1838, sous le titre de " Société des Houillères de Montchanin ";

2° Celle de Longpendu, concédée à la marquise de Montaigu, par ordonnance royale du 6 octobre 1832.

Les Houillères de Montchanin et Longpendu furent plus tard acquises par MM. Schneider et Cⁱᵉ. Ces deux Houillères sont desservies par la gare de Montchanin (ligne P.-L.-M., de Nevers à Chagny). Elles sont reliées au Creusot et au Canal du Centre (ports de Bois-Bretoux et de Longpendu) par un chemin de fer concédé à MM. Schneider et Cⁱᵉ : c'est un des premiers chemins de fer construits en France.

Houillères du Creusot. — La houille est extraite au Creusot par plusieurs puits, de profondeur variant de 300 à 400 mètres. Un nouveau puits, le puits Saint-Antoine, est en fonçage; ce puits servira à l'extraction du charbon qui n'avait pas été découvert dans les anciens travaux et de celui qui avait été laissé dans

Puits Saint-Pierre et Saint-Paul.

la couche, par suite des incendies fréquents qui se produisaient du fait des méthodes primitives d'extraction employées dans les premiers temps. Toutes les installations de ces puits, tant à l'intérieur qu'à la

Puits Chaptal.

surface, ont été soigneusement aménagées avec tous les perfectionnements susceptibles d'assurer le fonctionnement rapide et sûr des cages d'extraction. Le criblage, le triage et le lavage de la houille sont effectués immédiatement après la sortie du puits. Un puits spécial, appelé puits Saint-Laurent est affecté à l'épuisement des eaux de la mine; il possède une puissante pompe à vapeur débitant en moyenne 3.000 mètres cubes par vingt-quatre heures.

II. — MINES DE FER

Mines de fer de Mazenay et de Change. — Deux concessions distinctes, celle de Mazenay et celle de Change.

Ces deux concessions, très rapprochées l'une de l'autre, sont situées à environ 30 kilomètres du Creusot, auquel elles sont reliées par le chemin de fer P.-L.-M. et un chemin de fer appartenant à MM. Schneider et Cie.

Le gîte actuellement en exploitation a 8 kilomètres de long sur 1 kilomètre de large et une puissance de 0 m. 50 à 2 m. 50. La profondeur des puits d'extraction n'excède pas 40 mètres.

Mines de fer de Saint-Georges d'Hurtières (Savoie). — MM. Schneider et Cie sont amodiataires de ces Mines. Ils avaient également, à Allevard, une importante exploitation minière, qu'ils viennent de céder à MM. Ch. Pinat et Cie, maîtres de forges à Allevard, auxquels MM. Schneider et Cie livraient déjà du minerai de ces mines.

SERVICES MÉTALLURGIQUES

I. — USINE DES PRODUITS RÉFRACTAIRES

L'Usine de Perreuil est située près du Creusot, sur la ligne de Chagny à Nevers, entre les stations de Saint-Berain-sur-Dheune et de Saint-Julien-Ecuisses, à 200 mètres du Canal du Centre, sur la rive gauche, côté Méditerranée. Elle est desservie par ce canal et par

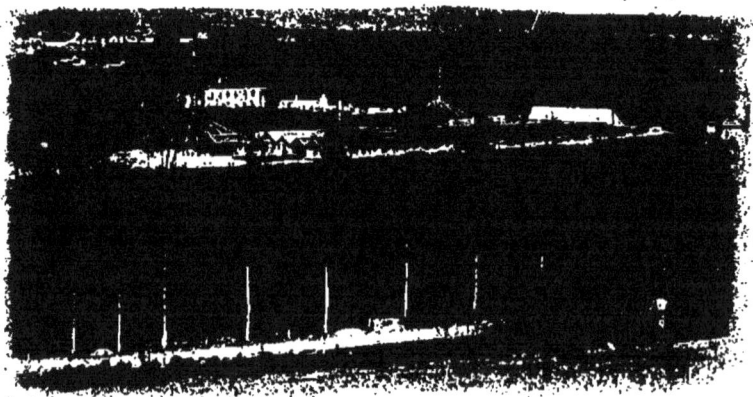

Usine de Perreuil.

un embranchement particulier, qui lui permettent d'expédier ses produits au commerce, ainsi qu'aux Usines du Creusot, soit par eau, soit par voie ferrée. MM. Schneider et Cⁱᵉ ont installé cette briqueterie en 1842; depuis, son importance n'a fait qu'augmenter et la fabrication s'y est spécialisée, par suite du développement des Usines du Creusot et surtout des aciéries Bessemer et Martin. Production totale :

Briques de toutes qualités............	15.700	tonnes environ
Tuyères et pièces spéciales pour aciéries............................	850	—
Coulis réfractaires	2.000	—
	18.550	tonnes environ

II. — HAUTS-FOURNEAUX

Le Service des Hauts-Fourneaux comprend :

Cinq Hauts-Fourneaux en marche;
Vingt Appareils Cowper;
Trente Chaudières tubulaires à gaz;
Six Machines soufflantes horizontales Corliss.

Tous les Hauts-Fourneaux, desservis chacun par un monte-charges hydraulique, sont adossés, par une disposition naturelle des plus heureuses, à une plate-

Monte-charges et Gueulards des Hauts-Fourneaux 7 et 8.

forme ou terrasse, de 500 mètres de longueur et 100 mètres de largeur, dominant de 10 mètres le sol de la vallée et sur laquelle plateforme sont établies les estacades à minerais, ainsi que les diverses installations que comporte le Service, sauf les appareils Cowper et une batterie de 18 chaudières à gaz qui sont installées sur le sol inférieur.

Une Batterie de 155 fours à coke horizontaux, montés sur une seule ligne;

Douze Chaudières tubulaires pour l'utilisation des flammes perdues des fours à coke;

Un Atelier de manutention et de broyage des houilles situé à l'une des extrémités de la batterie de fours;

Deux Ateliers d'agglomération de minerais comprenant 3 presses à double compression, système Couffinhal. (Dans ces ateliers on transforme en briquettes les résidus de pyrites achetés au dehors).

Un Atelier d'entretien où se font les réparations courantes du matériel des Hauts-Fourneaux et industries adjointes;

Enfin les Bâtiments pour bureaux, magasins, etc. qu'exige ce Service.

Les Hauts-Fourneaux du Creusot sont alimentés par des matières premières de différentes provenances :

Minerai oolithique, phosphoreux, des concessions de Mazenay et de Change appartenant à MM. Schneider et Cie.

Minerais divers, magnétiques, hématites, manganésifères, etc.

En outre de ces minerais, on utilise aussi tout une série de produits d'usine tels que : scories de puddlage et de réchauffage, carcas divers, etc., etc.

Le type des Hauts-Fourneaux a peu varié au Creusot depuis un certain nombre d'années, le profil établi s'adaptant très bien à la production et à la qualité exigées par les besoins de l'Usine. La hauteur est invariablement de 20 mètres, c'est celle qui convient

Façade des Hauts-Fourneaux 2, 3 et 4.

le mieux pour les matières premières qui y sont traitées. Dans le dernier fourneau construit et allumé le 8 novembre 1898 [1] les modifications ont surtout porté sur des détails de construction.

Son volume, qui est sensiblement celui des autres fourneaux, se divise ainsi :

Creuset et ouvrage..................	5mc	370
Etalages..........................	99mc	156
Cuve	229mc	381
Chambre à gaz....................	28mc	888
Vide total.........	362mc	795

Sur les cinq fourneaux en marche, trois sont en allure Bessemer-Thomas; les deux autres marchent

---

(1) Ce fourneau allumé à cinq heures du soir a donné 17.000 kilos de fonte le lendemain à midi.

soit en affinage, soit en fonderie, suivant les besoins. La coulée des fourneaux en allure Bessemer se fait directement dans une poche roulante qu'une petite locomotive conduit à l'Aciérie, située à proximité. Pendant les arrêts de l'Aciérie la coulée est faite en lingotières. La production journalière est en moyenne de 80 tonnes par fourneau. La durée des Hauts-Fourneaux est généralement assez grande; le minimum est de huit à neuf années. Le dernier fourneau reconstruit est celui qui, jusqu'alors, avait eu la plus longue marche. Allumé le 9 août 1879, par M. Ferdinand de Lesseps, il ne fut mis hors feu que le 8 mars 1897. C'est donc une campagne de près de dix-huit années pendant laquelle, en dehors des accidents inhérents à tous les fourneaux, on ne fut obligé que de refaire une seule fois, et en marche, le creuset et une partie des étalages. Les Hauts-Fourneaux sont tous alimentés au coke. Pour la fabrication du coke, on emploie un mélange de houille grasse et d'anthracite du Creusot. Les cinq Hauts-Fourneaux en marche, reconstruits en tenant compte de tous les progrès de la métallurgie moderne, ont remplacé les quatorze Hauts-Fourneaux qui existaient précédemment. Les gaz qui se dégagent des Hauts-Fourneaux sont recueillis et servent, en partie, au chauffage d'une importante batterie de chaudières à vapeur et, en partie, au chauffage de l'air envoyé dans les Hauts-Fourneaux par les six machines soufflantes à grande vitesse. Ces dernières sont réunies dans un même local situé sur la plate-forme. Chacune de ces machines est d'une puissance de 350 chevaux, ce qui donne une force motrice totale de 2.100 chevaux. Quatre machines soufflantes verticales, de construction déjà ancienne, ont été conservées comme machines de secours. Les flammes perdues des fours à coke sont utilisées totalement au chauffage de douze chaudières tubulaires et les fours à coke ont été transformés dans ce but. Il n'y avait pas lieu de procéder à l'extraction des sous-produits, parce que les mélanges de houille traités sont peu riches en matières volatiles par suite de l'emploi d'une assez forte proportion d'anthracite du Creusot. On ne s'est donc occupé que de la production de vapeur et on a parfaitement bien réussi, comme l'atteste l'absence complète de fumées et de gaz aux alentours des fours à coke. La charge d'un

Fours à coke.

four est de 2.700 à 3.000 kilos et la durée de la carbonisation de vingt-quatre heures avec un rendement en coke utilisable de 73 %. La vaporisation dans les chaudières des fours à coke est d'environ 2.500 kilos par chaudière et par heure, ce qui correspond sensiblement à une production de vapeur de 1 kilo par kilogramme de charbon enfourné. La vapeur produite dans ces chaudières et dans celles chauffées par les gaz des Hauts-Fourneaux suffit non seulement pour le Service mais aussi pour l'alimentation des machines des Aciéries et de la majeure partie de celles des Ateliers de Constructions.

Les laitiers provenant de deux Hauts-Fourneaux s'écoulent dans une citerne en maçonnerie pleine d'eau, où ils se granulent. Ces laitiers granulés sont employés à la fabrication de briques, dalles, tuyaux de drainage, etc.

III. — ACIÉRIES

Le Service des Aciéries comprend quatre groupes d'ateliers séparés :

1° Fabrication de l'acier; — Coulée des lingots; — Pièces moulées;

2° Forgeage des grosses pièces;

3° Installations pour la cémentation, la trempe et le recuisage; — Machines-outils pour le travail d'ébauchage et d'ajustage des pièces;

4° Fabrication des bandages.

Cour des Aciéries.

Premier groupe

Aciéries Martin et Bessemer. — Dans le premier groupe, l'acier est fabriqué par les deux procédés Bessemer et Siemens-Martin. Pour le procédé Siemens-Martin, il existe dans cet atelier quatre fours d'un nouveau type, pouvant donner chacun 35 tonnes d'acier par coulée, avec fosse de coulée perfectionnée pour chacun d'eux. Pour les gros lingots, dont le poids peut atteindre plus de 120 tonnes, une fosse de coulée de grandes dimensions a été spécialement aménagée :

Largeur de la fosse à l'endroit des cellules.........	12^m 600
Largeur entre les piliers supportant le rail mobile..	4^m 000
Profondeur de la fosse......................	7 et 10^m 000
Longueur totale	37^m 650
Écartement des voies parallèles....	8^m 300

Cette fosse est desservie par un pont roulant électrique de 150 tonnes :

Portée du pont............................	22^m 500
Course du crochet..........................	13^m 500
Hauteur du rail au-dessus du sol...............	10^m 000
La chaîne de levage est du système Galle et pèse.	12 tonnes.
Poids total du pont........................	200 tonnes.

A l'une des extrémités de cette même fosse est installée une presse à comprimer l'acier liquide, d'une puissance de 10.000 tonnes. Le Creusot est la seule usine en France où soit appliqué ce mode de traitement de l'acier, qui permet d'obtenir du métal sans soufflures, mais qui nécessite de puissantes et coûteuses installations. Après différents essais, la Marine Française ayant reconnu l'excellence du procédé a autorisé l'emploi pour l'exécution de ses canons et de ses arbres, des éléments fabriqués avec des lingots en acier comprimé.

Cet atelier renferme des engins de levage de grande puissance, parmi lesquels une grue de 120 tonnes.

Bessemer. — Des trois groupes primitifs, un seul subsiste actuellement. Il se compose de deux conver-

Grande Fosse à couler et Presse de 10.000 tonnes.

tisseurs de 8 tonnes chacun, placés dans une fosse commune. Une grue hydraulique placée au centre de la fosse, présente la poche à acier sous les becs des convertisseurs pour recevoir le métal et va couler les lingots sur une banquette circulaire. Toutes les manœuvres de la fosse sont faites par deux grues hydrauliques de 20 tonnes à mouvements rapides.

Les scories provenant de la fabrication sont broyées très finement dans un atelier spécial, près du Bessemer, pour être livrées à l'agriculture comme engrais.

Fonderie d'acier. — Les annexes du premier groupe des Aciéries comprennent d'abord l'atelier de moulage

d'acier où se fabriquent les] pièces les plus compli-
quées entrant dans la composition des machines, des

Halle centrale de la Fonderie d'acier.

affûts et aussi de certaines parties de la construction
des navires. Deux fours Martin-Siemens de 10 tonnes
fournissent l'acier nécessaire. Pour les grosses pièces,
telles que, par exemple, les toitures cuirassées, l'acier
est produit aux grands fours des Aciéries Martin,
coulé en poches et transporté à la Fonderie. Les fours
de cet atelier peuvent donc être complétés par ceux
des Aciéries Martin. On y a fabriqué ces dernières
années, entre autres pièces, celles ci-après :

Etraves et étambots pour navires de guerre et de commerce.... jusqu'à	12.000 kilos l'un
Plaques de fondation des machines et paquebots	15.000 kilos l'une
Bâtis de machines de paquebots..	11.500 kilos l'un
Couvercles de cylindres de machines de paquebots	4.600 kilos l'un
Toitures d'observatoires cuirassés......	26.000 kilos
Etambot du croiseur cuirassé *Gueydon*.	20.000 kilos
Pièces d'affûts pour canons	

Étambot du croiseur cuirassé " Gueydon ", en acier moulé; poids : 20.000 kilos.

La Fonderie d'acier dispose d'un petit convertisseur, affecté à la fabrication des pièces en acier moulé de faibles dimensions, dont le poids peut varier de 1 à 500 kilos.

Fours rotatifs. — La seconde annexe du premier groupe des Aciéries comprend l'atelier des fours à puddler rotatifs, dans lesquels la fonte est transformée en fer d'une très grande pureté, dont on se sert aux fours Martin pour la fabrication de l'acier destiné à l'exécution des canons et des blindages.

Deuxième groupe

Atelier de forgeage des grosses pièces. — Cet atelier reçoit les lingots d'acier de la halle de coulée pour les transformer par le forgeage en blindages, en éléments de canons de toutes dimensions, corps, tubes, manchons, frettes, enfin en pièces diverses de machines, et notamment en arbres d'hélices, arbres coudés, etc. Cet atelier renferme un nombreux et puissant outillage pour le forgeage des pièces, pour leur ajustage et pour le finissage des plaques de blindages. Dans ses dépendances sont les installations pour la trempe à l'huile ou à l'eau des blindages et des éléments de canons, pour le recuisage des différentes pièces, ainsi que pour la cémentation et la trempe spéciale des plaques de blindages en acier durci ou harveyé.

Pour le forgeage cet atelier dispose de trois marteaux-pilons d'une puissance de 20 à 100 tonnes, de presses à forger et à gabarier de 1.500, 2.000, 3.000 et 6.000 tonnes, avec fours et grues correspondant à chacun d'eux.

Le marteau-pilon de 100 tonnes est le premier qui ait été fait avec une semblable puissance: cette puissance peut être portée à 120 tonnes. La construction du pilon fut commencée en 1875 et le premier coup fut donné le 23 septembre 1877 :

Diamètre du cylindre...................... 1^m 900
Course du marteau....................... 5^m 000
Poids de la masse active................. 100.000 kilos.
Hauteur du sommet du cylindre au-dessus
du sol de l'atelier .. .. 21^m 000
Profondeur de la fondation au-dessous du
sol de l'atelier........................... 8^m 500

Pilon de 100 tonnes.

La chabotte est composée de sept assises en fonte, rabotées et assemblées entre elles par des agrafes posées à chaud :

Poids de la chabotte...................... 750.000 kilos.
Poids du pilon proprement dit............. 550.000 —
Poids total de l'appareil.................. 1.300.000 —

Autour du pilon, quatre fours à réchauffer à la houille avec chaudières à la suite; ces fours sont

desservis par quatre grues à vapeur, dont trois de
100 tonnes et une de 150 tonnes.

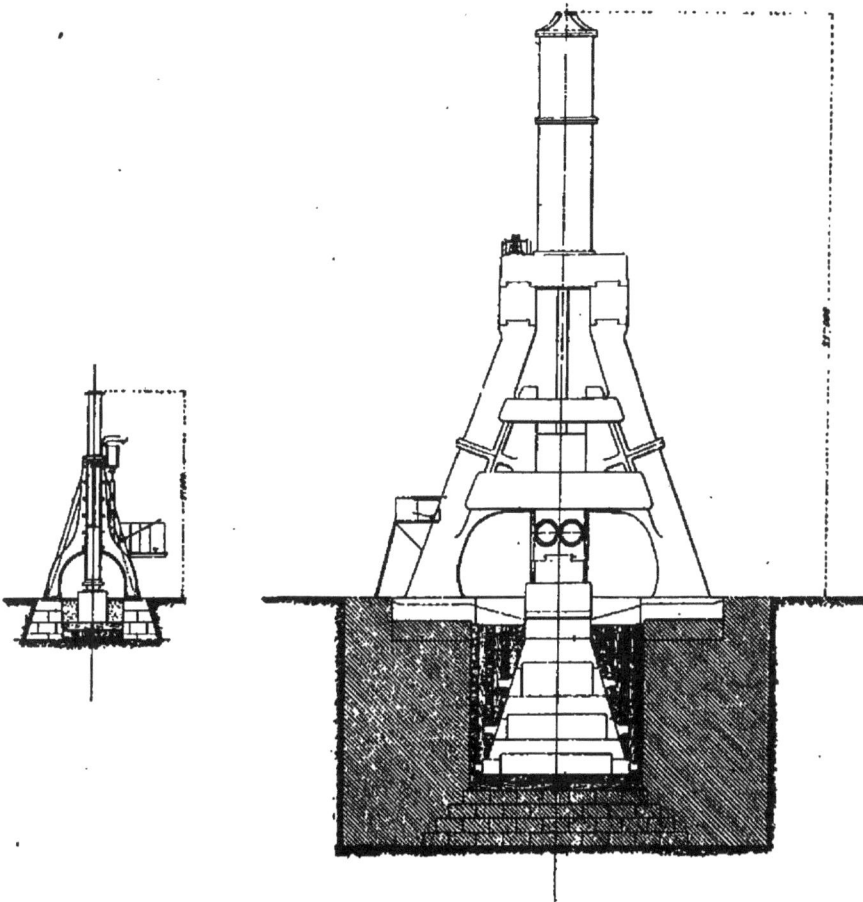

**Marteau-pilon construit par MM. Schneider en 1840
et Marteau-pilon de 100 tonnes actuel.**

Dans l'atelier de forgeage on a fabriqué des plaques
de blindage d'une épaisseur voisine de 60 c/m et du
poids de 65 tonnes l'une.

L'outillage de l'atelier de forgeage permet de livrer
annuellement en dehors des arbres de marine et des
éléments de canons, plus de 6.000 tonnes de blindages.
MM. Schneider et Cie ont déjà livré aux différentes
marines environ 60.000 tonnes de plaques de blindages. Le Gouvernement Français lui en a commandé à
lui seul environ 26.000 tonnes. Le surplus a été réparti

entre presque toutes les marines de l'univers. La
fabrication des éléments de canons en acier est une

Atelier de finissage des Blindages.

des branches les plus prospères et une des spécialités
de MM. Schneider et C^{le}. Des éléments pour canons de
tous calibres, depuis le calibre de 37 $^m\!/_m$ jusqu'au
calibre de 45 $^c/_m$, y ont été fabriqués en grand nombre
pour l'artillerie française et pour la plupart des pays
étrangers. L'acier Schneider a, comme métal à canons,
une réputation universelle, établie solidement et de
longue date. Pour les opérations d'ajustage que comportent les plaques, c'est-à-dire pour leur éboutage,
pour le dressage des cans, pour le tracé des feuillu-
res diverses, pour le perçage des trous, dans lesquels
doivent se visser les boulons qui servent à tenir les
plaques sur le navire, l'atelier renferme un grand
nombre d'outils très puissants : scies à plateau circulaire, rabots horizontaux et verticaux, foreuses,
machines à raboter, à équerrage variable, etc., etc.

Plaque de l' " Oden ".

Troisième groupe

Atelier de trempe. — L'atelier de trempe, contigu à l'atelier principal, contient des fours spéciaux pour chauffer les plaques de blindage et les éléments de

Plaque d'expériences.

canons, des cuves pour la trempe à l'eau des blindages minces, une installation pour la trempe à l'eau, une autre pour la trempe à l'huile des gros blindages, et enfin une cuve de 20 mètres de profondeur pour la trempe à l'huile des éléments de canons. Trois ponts roulants, d'une puissance de 100, 80 et 40 tonnes, servent aux diverses manipulations que comportent ces opérations. A proximité sont les fours pour la cémentation des blindages.

Quatrième groupe

Ateliers de fabrication des bandages. — Le quatrième groupe du Service des Aciéries comprend les ateliers de fabrication des bandages. Le matériel de cette fabrication, qui était primitivement installé dans l'atelier de forgeage des grosses pièces, a dû, par suite des agrandissements successifs de cet atelier, être réinstallé et remis en marche dans un nouvel atelier spécialement aménagé à cet effet. Cet atelier, comportant tous les perfectionnements révélés par une longue expérience, est relié à l'atelier de coulée des lingots par une voie spéciale en tunnel, de près de 400 mètres de longueur, permettant le transport rapide aussitôt après leur coulée, des lingots destinés à la fabrication des bandages.

On exécute dans cet atelier des bandages de toutes dimensions pour roues de locomotives, tenders, voitures, wagons et tramways. Le matériel dont on dispose permet une production annuelle de 12.000 à 15.000 tonnes.

IV. — FORGES A LAMINOIRS

La construction de cette importante partie des Usines fut décidée par M. E. Schneider après la mise en vigueur du traité de 1860, lequel réduisait dans une notable proportion les droits d'entrée qui avaient jusqu'alors protégé la métallurgie française. La lutte, en effet, devenait impossible à soutenir avec l'outillage imparfait qui existait alors à la " Vieille Forge ", créée vers 1827 Les projets de la nouvelle Usine furent étudiés activement par M. E. Schneider lui-même avec le concours de son fils, M. Henri Schneider. Les travaux considérables de terrassement et de nivellement d'une surface de 16 hectares, dans un terrain d'une dureté exceptionnelle, furent commencés en 1861. L'édification des bâtiments fut poussée avec vigueur, ainsi que la construction et l'installation des machines et du nouvel outillage. En 1865, le puddlage et les trains à rails de fer étaient mis en marche; le montage des autres trains suivit sans interruption et en 1867, pour l'Exposition Universelle de Paris, cette grande œuvre était terminée. La Forge du Creusot, installée avec une méthode d'ensemble jusqu'alors inconnue, pour fabriquer les produits de toutes dimensions et de toutes qualités, fut considérée comme un modèle, et, à ce titre, visitée par un grand nombre d'étrangers venus en France à cette époque, notamment par des Américains qui, plus tard, devaient s'en inspirer pour faire les gigantesques usines qu'ils possèdent aujourd'hui.

Ce Service, qui occupe 3.000 ouvriers, fait tous les travaux de laminage en fer et en acier. La force motrice est donnée par 140 machines à vapeur, dont la puissance totale dépasse 12.000 chevaux.

La fabrication de la Forge comprend des produits en fer et des produits en acier. Les premiers sont obtenus par le puddlage et par le laminage. La fonte destinée au puddlage est apportée des Hauts-Fourneaux, en morceaux ou gueuses, et traitée dans des fours à puddler. Pour les produits communs, ces fours ont leurs ringards actionnés mécaniquement par un moteur, ce qui a permis de réaliser une notable éco-

Halle centrale de la Forge à laminoirs.

nomie de main-d'œuvre et de rendre moins pénible le travail du puddleur Le fer brut au sortir des fours à puddler, est shinglé au pilon, pour être débarrassé des scories, puis laminé, sans réchauffage, en barres et coupé en morceaux avec lesquels on forme des paquets. Ceux-ci sont chauffés à blanc et laminés en profilés. Depuis 1869, l'acier se substitue de plus en plus au fer et actuellement MM. Schneider et Cie ne fabriquent plus en fer d'autres tôles que les tôles striées. Les aciers laminés (barres, profilés ou tôles) proviennent de lingots fabriqués aux Aciéries. On les transporte à la Forge, soit à chaud, dans des bâches garnies intérieurement de briques réfractaires, et, dans ce cas, ils ne subissent qu'un simple réchauffage avant d'être laminés, soit à froid et dans ce cas, ils sont chauffés dans des fours spéciaux à la température voulue. Le transport des lingots des Aciéries à la Forge s'effectue par le tunnel qui passe sous la ville.

Les opérations de laminage, qu'il s'agisse des produits en fer ou en acier, sont effectuées dans la halle de laminage (400 mètres de longueur sur 120 mètres de largeur), dans l'axe de laquelle se trouvent tous les laminoirs, depuis celui qui lamine les fils de 6 $^m/_m$ de diamètre, jusqu'à ceux qui laminent les gros barrots et les poutrelles employés dans la construction des navires. A la suite des laminoirs se trouvent le blooming et le gros train pour le laminage des plaques de blindages et des grosses tôles. Ces deux derniers trains sont desservis par une installation puissante de fours, une machine motrice reversible de 3.000 chevaux, plusieurs ponts roulants, dont un de 60 tonnes, muni d'engins spéciaux pour prendre les gros paquets dans les fours du laminoir à blindages. Ce laminoir permet d'obtenir des plaques de 35 tonnes, 3 mètres de largeur et 25 $^c/_m$ d'épaisseur. A la suite du blooming et du laminoir à blindages, viennent les trains pour la fabrication des grosses tôles de construction et de chaudières; dans leur prolongement et parallèlement à ceux-ci se trouvent deux lignes de trains pour la fabrication des tôles minces.

L'atelier de laminage a été disposé de façon à réserver une travée toute entière aux divers laminoirs, tandis qu'à droite une travée semblable est occupée en entier par les fours à réchauffer, disposés en face de chaque train de laminoir; les travées de gauche sont occupées par des outils et des installations accessoires pour le dressage, le coupage à chaud au moyen des scies, le cisaillage à froid des produits laminés, leur examen au point de vue des défauts qui peuvent se présenter, la réception, le pesage, le chargement et l'expédition par wagons. Toutes ces opérations sont facilitées par un grand nombre d'engins mécaniques et de chemins de fer aériens, pour réduire la main-d'œuvre. Grâce à cette disposition, le métal, dans les différentes opérations à effectuer, depuis le chargement des paquets ou des lingots dans les fours à réchauffer, jusqu'au chargement en wagons des produits finis, poursuit sa marche dans le même sens perpendiculaire à la longueur de l'atelier sans avoir à revenir en arrière. Les annexes de la forge à laminoirs comprennent un atelier d'essais, où se font toutes les épreuves à froid et à chaud des matières fabriquées, des ateliers pour la réparation et l'entretien de tout le matériel, et enfin un magasin de fers, pouvant contenir 10.000 tonnes de produits finis.

Pour donner une idée de l'importance de l'atelier d'essais, nous donnons ci-dessous la statistique des principales épreuves exécutées annuellement :

Essais de traction de tous genres........	30 à 35.000
Pliages à froid avant et après trempe	60 à 70.000
Cassures diverses, plus de	100.000

La charpente de la forge à laminoirs, entièrement en fer, légère et hardie, peut être citée comme modèle de construction métallique. Elle a été exécutée par les Chantiers de MM. Schneider et Cie à Chalon-sur-Saône.

Les dimensions de plus en plus considérables requises pour les plaques de blindages, les tôles de construction et les tôles de chaudières ont déterminé MM. Schneider à installer un nouveau laminoir qui, en même temps qu'il sera le plus puissant du monde entier, possédera tous les perfectionnements mécaniques permettant de réaliser un travail rapide, facile et économique.

Diamètre des cylindres	1^m 200
Longueur de table....................	4^m 250
Longueur totale.....................	6^m 550
Poids des cylindres..................	43 tonnes
Poids maximum des lingots à laminer..	60 tonnes
Force de la machine motrice...........	12.000 chev.

MM. Schneider et Cie ont livré jusqu'à ce jour, dans toutes les parties du monde, les quantités de produits laminés suivants :

Matériel de chemins de fer...	1.926.227 tonnes
Matériel de constructions....	2.946.306 tonnes
Soit un total de.........	4.872.533 tonnes

SERVICES DES CONSTRUCTIONS MÉCANIQUES

ATELIERS DE CONSTRUCTIONS

Lorsque, en 1836, MM. Schneider prirent possession des Etablissements du Creusot, on s'y occupait déjà de constructions mécaniques. La Fonderie avait plus d'importance que les autres ateliers car elle produisait pour un grand nombre de petites forges, montées en France depuis quelques années, les moulages de leurs laminoirs. La chaudronnerie construisait les chaudières à basse pression employées à cette époque. De petits ateliers d'ajustage permettaient la fabrication des machines de faible puissance pour l'extraction de la houille, pour les souffleries de hauts-fourneaux, pour la conduite des laminoirs, etc. A ce moment, il n'était pas encore question en France de la locomotion à vapeur sur les rails et sur l'eau. Presque aussitôt cependant des compagnies tentèrent de s'organiser pour la création des chemins de fer et pour la navigation fluviale et peu après pour la navigation maritime.

MM. Schneider, pénétrés dès l'origine de l'importance qu'ils pourraient donner à leurs Ateliers de Constructions, en s'occupant de la fabrication de ces nouvelles pièces n'hésitèrent pas à entreprendre la construction des locomotives et des appareils à vapeur pour bateaux de rivière. Ils mirent en fabrication en 1837 leur première locomotive et en 1838 leur première machine de bateau, mais en même temps ils augmen-

taient leur outillage, pour se préparer à faire face à de
nouveaux besoins, dont ils pressentaient l'avènement.

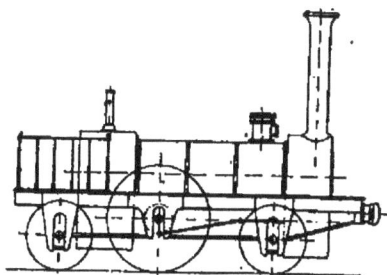

**Première locomotive construite
par MM. Schneider.**

C'est ainsi que, moins de quatre ans après leur arrivée
au Creusot, ils avaient déjà amélioré leurs moyens
d'action de telle sorte que, lorsqu'en 1839, le Gouvernement Français leur demanda de construire les machines de deux corvettes à vapeur, MM. Schneider
acceptèrent de s'en charger. C'est dans ces premiers
ateliers que MM. Schneider construisirent, pendant une
période allant jusqu'à 1850, un assez grand nombre de
machines de tous genres, appareils marins, locomotives, machines fixes pour toutes destinations, marteaux-pilons, laminoirs, etc. A ce moment ils décidèrent
d'agrandir considérablement tous leurs ateliers, suivant un plan général qui eut pour conséquence la
disparition successive de tous les ateliers existants
alors, remplacés par d'autres beaucoup plus importants. Il ne reste plus actuellement qu'un tout petit
atelier remontant à la période de construction des
premiers ateliers, c'est-à-dire à 1840.

Les Ateliers de Constructions comportent d'abord
toutes les industries qui concourent à la fabrication des
appareils à vapeur; puis la production des moulages
de fonte et de bronze — la production des pièces forgées
en fer ou en acier — les ateliers pour l'usinage de
ces divers produits, enfin tous les moyens nécessaires

Locomotive Thuile, pour la Société d'Études des Trains Internationaux, 1900.

pour la fabrication des chaudières à vapeur de tous systèmes.

Les Ateliers de Constructions ne se sont pas spécialisés dans l'une seulement des grandes branches de la construction, machines de marine, machines fixes, locomotives, ainsi que cela est pratiqué habituellement. MM. Schneider ont été les premiers constructeurs en France abordant la construction de ces différents genres de machines. Il ont ensuite développé leur outillage en vue d'obtenir une progression toujours croissante dans la production de ces diverses machines.

Machines du cuirassé " Charlemagne ".
Voir fig. page 138.

1° Bureaux généraux. — Le personnel d'ingénieurs et de dessinateurs occupé aux études et à la préparation des plans d'exécution des machines est d'environ 100 personnes. Dans ces bureaux se trouve réuni également le personnel chargé de la comptabilité, de la direction des travaux dans les ateliers et celui de la comptabilité générale des ateliers.

2° Fonderies. — Il y a trois Fonderies pour le moulage des pièces de fonte. Chacune de ces Fonderies possède des grues à vapeur, des cubilots, des étuves, elle est donc pourvue de tout ce qui lui est nécessaire pour le moulage et la fonte des pièces, de manière à n'avoir rien à emprunter à ses voisines. La préparation des sables et terres de moulage est toutefois centralisée dans un atelier qui alimente les trois Fonderies.

La production des Fonderies de fer est d'environ 10.000 tonnes par an. Les Fonderies coulent tous les moulages de fer employés par les Services métallurgiques, et, en raison de la puissance d'outillage de ceux-ci, les moulages entrant aussi bien dans la construction que dans l'entretien permanent du matériel de ces Services, représentent un poids considérable. Les cylindres de laminoirs et leurs cages, les pièces pour pilons et presses, les lingotières donnent souvent lieu à des coulées d'un poids dépassant 50 tonnes. Pour le pilon de 100 tonnes notamment, le poids de certains éléments est supérieur à 100 tonnes et il a fallu organiser une installation spéciale pour la coulée de ces pièces si lourdes. Cette installation intéressante est composée de deux cubilots placés à un niveau très surélevé au-dessus du sol de la Fonderie. Ces deux cubilots peuvent fondre chacun 10 tonnes à l'heure, et au fur et à mesure de la fusion la fonte est coulée directement dans deux réservoirs ayant chacun une capacité de 50 tonnes. Le fond de ces réservoirs est encore placé au-dessus du sol de la Fonderie et la fonte, au moment de la coulée de la pièce, peut être amenée directement au haut du moule, par écoulement naturel, les grues n'ayant à fournir, au moyen de poches suspendues, que la fonte ménagée en réserve.

Selon la nature et la destination des pièces de fonte, celles-ci sont coulées suivant des mélanges appropriés de manière à donner à ces pièces les qualités requises. Après de nombreuses expériences, MM. Schneider ont fixé à huit le nombre des mélanges, et ils ont déterminé dans laquelle de ces huit qualités devait être classée chacune des multiples pièces qu'ils ont à couler, tant pour les machines que pour les divers emplois dans leurs Services métallurgiques. Cette classification rend les plus grands services, mais elle nécessite une attention soutenue dans le choix des fontes et dans la préparation des mélanges. Pour permettre d'une manière continue et rapide la vérification de la qualité des fontes de moulages, un matériel spécial d'essais est installé aux Fonderies. Les pièces de fonte sont moulées soit en sable, soit en terre.

Les Fonderies du Creusot ont toujours fabriqué les cylindres trempés pour laminoirs à tôles. Depuis l'emploi, pour les fortifications, de tourelles cuirassées fixes ou à éclipse, ces Fonderies ont eu à produire une grande quantité d'avant-cuirasses en fonte trempée, tant pour le Gouvernement Français, que pour la Belgique, la Roumanie, la Hollande, etc. L'expérience acquise depuis longtemps dans les fabrications de fonte dure a permis aux Fonderies de MM. Schneider de réussir aisément, dès le début, la fabrication de ces avant-cuirasses et de fournir des pièces résistant parfaitement au tir du canon.

Les Fonderies possèdent un pont roulant de 60 tonnes, trois grues à vapeur de 30 tonnes, onze grues à vapeur de 20 tonnes et quatre grues à vapeur de 15 tonnes. Elles sont pourvues de 12 cubilots et de deux grands fours à réverbère, ceux-ci exclusivement employés pour la fusion du bronze destiné aux hélices de navire.

La Fonderie de cuivre possède un petit four à réverbère, un grand creuset à fusion continue, avec installation mécanique pour la coulée, et huit creusets ordinaires. La production annuelle de la Fonderie de cuivre est de 350.000 kilos environ.

La préparation des sables de fonderie se fait dans un atelier spécial muni de tout l'outillage nécessaire

Machines du Croiseur cuirassé " Kléber ". Puissance : 17.000 chevaux.

pour le broyage, la pulvérisation et le blutage des terres et charbons entrant dans la composition des sables.

Des carrières situées aux environs du Creusot fournissent à peu près exclusivement toutes les qualités voulues de sables pour le moulage des pièces.

Machines Corliss de 600 chevaux, pour la Manufacture d'armes de Châtellerault.

3° Forges à mains. — Cet atelier est outillé en fours et pilons pour employer des lingots d'acier dont le poids ne dépasse pas 10 tonnes. Il ne forge donc aucune des grosses pièces de machines ou d'artillerie exigeant des lingots d'un poids supérieur; c'est le Service des Aciéries qui possède tous les puissants engins de forgeage, et qui fournit aux Ateliers de Constructions les grandes pièces de forge qui lui sont nécessaires. L'atelier de forges possède néanmoins vingt-deux pilons d'une puissance variant de 500 à 10.000 kilos. Ceux de 10, de 8 et de 6 tonnes desservent les fours à chauffer les lingots destinés à la fabrication de pièces de formes relativement simples pouvant être terminées directement au four. Ces pilons préparent également les ébauches d'acier destinées à être ensuite converties en pièces façonnées par les forgerons à mains.

Les pilons plus petits servent aux forgerons pour façonner les pièces qu'il est nécessaire de chauffer à la forge, en raison de leur forme ou de leurs dimensions, et qu'il est avantageux aussi de travailler au pilon plutôt qu'au marteau à mains. L'atelier possède dix fours, dont six sont munis de chaudières utilisant les flammes perdues. Un certain nombre de ces fours sont affectés à la fabrication des pièces forgées au moyen des matrices. Il y a soixante-quinze forges à mains. Les plus grosses de ces forges, ainsi que nous l'avons dit, façonnent au pilon, et le même pilon peut desservir plusieurs forges, car on s'arrange pour alterner les chaudes des diverses forges allant au même pilon. Les petites forges sont ainsi placées toujours dans le voisinage d'un pilon, afin que le forgeron puisse, à volonté, travailler, suivant le cas, soit au marteau à mains, soit au pilon.

L'atelier des forges fabrique annuellement environ 4.000 tonnes de pièces forgées, et c'est par centaines de mille qu'il faut en compter le nombre. La plupart de ces pièces sont en acier, l'acier s'étant presque complètement substitué au fer dans la fabrication des pièces de machines. Toutefois, dans les locomotives surtout, beaucoup de pièces de mécanisme sont encore fabriquées en fer, et l'atelier emploie presque constamment l'un de ses fours au corroyage du fer destiné à fabriquer ces pièces.

A l'atelier des forges à mains, sont annexés les fours nécessaires pour le recuisage des pièces en acier. En outre, il existe une installation spéciale pour la trempe des canons de petits calibres, dont le forgeage est effectué dans cet atelier.

Un Service d'essais fonctionne constamment pour

la vérification de la qualité des pièces forgées. Il est chargé aussi des essais officiels de recette, prescrits par les grandes Administrations de la Marine, de l'Artillerie et des Chemins de fer.

4° Chaudronneries. — Le groupe des chaudronneries s'occupe de la fabrication des chaudières marines et fixes de tous systèmes, des chaudières de locomotives, des tourelles et plateformes pour canons de marine, et aussi de la fabrication des tuyaux en cuivre et tous travaux du même ordre. Il produit annuellement plus de 2.000 tonnes de produits finis en fer ou acier, et plus de 300 tonnes de travaux exécutés en cuivre ou en laiton. Cet atelier est pourvu d'un outillage de ponts roulants nombreux et puissants, desservant toute la surface des bâtiments. Des petits ponts roulants à mains, très mobiles font le service des outils pour la manutention des tôles qui passent de l'un à l'autre. Pour le montage des chaudières de marine, il existe deux ponts mécaniques de 50 tonnes, et deux autres de 20 tonnes et de 10 tonnes sont destinés au montage des chaudières de locomotives. La machine à river est, en outre, pourvue d'un pont roulant spécial d'une puissance de 25 tonnes.

La construction des chaudières a toujours été l'objet de soins particuliers de la part de MM. Schneider et Cie. Depuis déjà longtemps une presse à emboutir a été installée pour faire spécialement les tôles de boîtes à feu des chaudières de locomotives. Il y a une quinzaine d'années on a construit une seconde presse beaucoup plus grande et puissante, permettant d'emboutir les plus grandes tôles employées dans la construction des chaudières marines. Un système de grues hydrauliques adaptées sur les colonnes des presses permet de manœuvrer rapidement les tôles entre les fours et les presses, et d'éviter ainsi des refroidissements sensibles qui diminueraient l'action

Cour de la Chaudronnerie.

des presses sur les tôles à emboutir, et qui oblige-
raient à multiplier le nombre des chaudes dans les
cas de façonnages difficiles

Locomotive pour les Chemins de fer de l'État, 1898.

Tout en continuant à construire pour la Marine
des chaudières cylindriques à grand volume d'eau,
les ateliers de chaudronnerie exécutent, depuis
quelques années, les chaudières nouvelles à tubes
d'eau, dont l'application se répand de plus en plus
dans les appareils marins. Ils exécutent aussi, en
grand nombre, tous les types de chaudières fixes,
tant à tubes d'eau qu'à tubes de flammes. L'outillage
nécessaire pour la fabrication de ces divers systèmes
de chaudières a dû ainsi, à plusieurs reprises, être
modifié ou complété, pour satisfaire aux multiples
exigences de constructions variées.

La fabrication des charpentes et plateformes de
tourelles cuirassées, de tourelles de navires ou de
fortifications de terre a pris, depuis quelques années,
une grande importance dans les ateliers de chaudronnerie : elle tend à se développer davantage encore.

5° Ajustage et montage. — Ce groupe d'ateliers est le plus considérable, et il occupe, à lui seul, la moitié du personnel, soit 1.000 ouvriers environ sur les 2.000 qui sont occupés dans le Service des Ateliers de Constructions. Ces ateliers possèdent plus de 500 machines-outils de toutes sortes : tours, rabots, machines à percer, fraiseuses, etc. En raison de leur importance, ils ont été divisés en deux grandes sections : l'une s'occupant plus spécialement des locomotives et des petites machines de torpilleurs, l'autre ayant à exécuter les grandes machines marines ou fixes et les moteurs à gaz. Ces divisions n'ont cependant rien d'absolu, et le cas échéant, les deux sections peuvent parfaitement concourir ensemble à l'exécution de certains travaux.

Locomotives. — La section des ateliers d'usinage s'occupant plus spécialement de la construction des locomotives comprend huit bâtiments ayant une surface couverte de 8.500 mètres carrés : trois d'entre

Atelier de montage des Locomotives.

eux sont affectés aux tours, quatre aux diverses
machines-outils et aux ajusteurs, et le dernier est la
halle de montage des locomotives et des tenders. Tous
ces ateliers sont munis de ponts roulants, tant pour le
service des outils que pour le montage des machines.
Un appareil transbordeur permet de sortir les locomotives et les tenders de l'une quelconque des fosses
de montage et de les conduire à un bâtiment voisin
affecté spécialement à la peinture de ces locomotives.
Le même transbordeur sort ensuite les locomotives
lorsqu'elles sont terminées de peinture, pour les
mettre sur la voie d'expédition. Lorsque les locomotives sont à destination de pays qui ont adopté un
écartement de voie différent de celui des autres États
Européens, les locomotives sont expédiées toutes montées, mais elles sont chargées sur des véhicules spéciaux, construits en vue de permettre de les décharger
aisément aux points de jonction des voies différentes.

Machines marines, etc. — La section des ateliers

Atelier de montage des Machines Marines.

d'usinage qui construit plus spécialement les grandes machines fixes et marines, les moteurs à gaz, etc., comprend dix bâtiments, occupant une surface couverte de 9.500 mètres carrés. Ils sont également divisés en tourneries, foreries, ateliers de machines-outils et d'ajustage, et enfin ateliers de montage. Ils sont tous munis de ponts roulants, de puissance variant suivant le poids des pièces à manutentionner dans ces divers ateliers. La plupart de ces ponts sont mécaniques, et la commande de ces engins se fait soit par câbles sans fin, soit par arbres carrés, soit enfin par des moteurs électriques. La grande halle de montage est un bâtiment très élevé, pourvu de quatre ponts roulants de 30 tonnes : on peut monter, au-dessous de ces ponts, des machines ayant 12 mètres de hauteur. C'est dans ce groupe d'ateliers que sont placés tous les grands outils permettant l'usinage des pièces de dimensions exceptionnelles. Nous citerons un tour à plateau pouvant tourner, jusqu'à 10 mètres de diamètre, des

Machine Corliss de 300 chevaux, pour la Manufacture d'armes de Saint-Etienne.

pièces dont le poids peut atteindre 60 tonnes — des tours et foreuses pouvant tourner et percer des arbres de 25 mètres de longueur — un alésoir pouvant aléser des cylindres de 3 mètres de diamètre et de 5 mètres de hauteur — une machine à tailler les engrenages coniques jusqu'à 3 mètres de diamètre, — un rabot à fosse pouvant recevoir des pièces de 3 m. 500 de largeur et de 10 mètres de longueur, etc. Plus de quarante autres machines-outils, sans avoir d'aussi grandes proportions, s'en rapprochent cependant sensiblement.

6° Atelier d'outillage. — La préparation des outils n'est pas laissée à chacun des ateliers qui emploient des machines-outils : elle est centralisée dans un atelier spécial. Après étude approfondie, on a établi un classement de tous les types connus d'acier pour outils, de manière à employer toujours, pour chaque espèce d'outils, la nature d'acier la plus convenable. En outre, pour chaque catégorie d'acier, il faut employer, tant pour le forgeage que la trempe des outils, des soins très particuliers et différents. Pour ces opérations délicates, les ouvriers ont été spécialisés et ont ainsi acquis une grande habileté dans le traitement à chaud de ces aciers spéciaux. L'atelier d'outillage possède plus de trente petites machines-outils : tours, machines à raboter et à fraiser, machines spéciales pour tailler les fraises et les tarauds, machines à affûter, lapidaires, etc. Il possède également une nombreuse équipe d'ajusteurs pour la préparation ou l'achèvement des outils. L'importance de cet atelier spécial peut paraître considérable, mais il faut remarquer que cet atelier a pour mission de pourvoir d'outils plus de 700 machines à travailler les métaux ainsi que tous les ouvriers travaillant à la main, aussi bien les ajusteurs que les chaudronniers ou les forgerons En fait, cet atelier exécute absolument tous les outils nécessaires aux ouvriers, à

l'exception seulement des limes qui font l'objet,
comme on le sait, d'une fabrication tout à fait spéciale.
C'est enfin également dans cet atelier que l'on construit tous les instruments de précision pour la vérification des pièces de machines ou d'artillerie.

Locomotive pour les Chemins de fer du Midi, 1899.

7° Atelier des modèles. — Ce que nous avons
dit des fonderies — leur importance, la variété des travaux qui s'y exécutent — donne l'idée du nombre des
modèles qu'il faut préparer journellement. L'atelier
de modèles prépare aussi ceux de la fonderie d'acier.
Bien que l'on ne conserve que les modèles ayant de
grandes probabilités d'être réemployés, le magasin
de modèles a des dimensions considérables. Il
mesure 250 mètres sur 16 mètres, et il est à deux
étages. Malgré l'énorme quantité de modèles qui y
sont accumulés, il est facile de trouver immédiatement le modèle dont on a besoin, grâce à une
bonne méthode de classement.

ATELIERS D'ÉLECTRICITÉ

MM. Schneider et Cie construisent dans leurs Ateliers d'Électricité des dynamos, moteurs, transformateurs et tout matériel électrique à courant continu et à courants alternatifs. Placés à l'extrémité

Appareil électrique du cuirassé " Charles-Martel ".

sud des Usines, les Ateliers d'Électricité forment deux bâtiments distincts, de même style, se détachant nettement du reste des Usines. Le premier bâtiment remonte à près de dix années, alors que la fabrication du matériel électrique aux Usines du Creusot était encore très réduite et se poursuivait dans les Ateliers de Contructions mécaniques. L'importance de la production s'accrut avec une telle rapidité qu'il fallut agrandir la première construction, et actuellement les Ateliers d'Électricité recouvrent une superficie totale d'environ 13.000 mètres carrés. Le corps principal présente intérieurement l'aspect d'un hall formé d'une grande travée de 16 mètres de largeur, flanquée de chaque côté de deux travées plus petites et plus basses, de 10 mètres de largeur. Le sol de l'atelier est formé d'un dallage en ciment; de hautes colonnes de fonte supportent les charpentes métalliques, les transmissions et les chemins de roulement des ponts électriques de 15 et 30 tonnes. Ce bâtiment est affecté à l'usinage de la partie mécanique des appareils électriques de petite et moyenne puissance ainsi qu'au montage des grosses dynamos. Dans les travées latérales se trouvent des raboteuses de toutes dimensions, des limeuses, des foreuses, etc.

Pour les pièces de très grandes dimensions on a recours aux puissantes machines-outils des Ateliers d'Artillerie situés dans le voisinage. Parmi ces outils se trouvent des alésoirs et tours horizontaux et verticaux pouvant aléser et tourner jusqu'à 6 mètres de diamètre. L'une des petites travées est consacrée au découpage et à l'empilage des tôles : là se trouvent les poinçonneuses, les tours à diviser et les presses hydrauliques, dont la plus puissante permet de monter des tambours de dynamo atteignant 3 mètres de diamètre.

Atelier de bobinage et d'appareillage. — Le montage des dynamos de petite et moyenne puissance, l'appareillage et le bobinage sont réunis dans le second bâtiment, de construction plus récente. Cet atelier comprend deux travées avec fermes métalliques de 10 mètres, légères, reposant sur les murs et sur une rangée de colonnes. Sa superficie est de 3.000 mètres carrés, non comprises les annexes. Deux grandes portes vitrées à vantaux à coulisse facilitent l'accès des wagons à l'intérieur pour l'arrivage et le départ du matériel. L'atelier se divise en deux parties distinctes, l'une comprend l'appareillage et le mon-

Dynamo à 8 pôles pour électrolyse.

tage des dynamos, la seconde, le bobinage, l'étuvage et le montage des collecteurs Dans la partie consacrée au montage et à l'appareillage, des étaux d'ajusteurs sont placés le long des murs des façades. L'arbre principal de transmission, en plusieurs parties, est actionné par des moteurs électriques; les machines-outils et les tours installés de part et d'autre sont actionnés par cet arbre à l'aide de poulies en bois. Le bobinage a été séparé du montage pour en assurer l'indépendance et pour éviter surtout la pénétration des poussières métalliques dans les bobinages; chaque ouvrier possède un outillage des plus complets. En vue d'obtenir la rapidité du travail, tout en réduisant au minimum la main-d'œuvre, chaque genre de travail est spécialisé et exécuté autant que possible en série: cette façon de procéder donne des ouvriers très habiles dans chaque genre de fabrication et supprime presque complètement les tâtonnements et les erreurs, si difficiles à découvrir et à réparer dans un travail achevé.

Transport de force et éclairage. — Un moteur à courants biphasés de 100 chevaux actionne une station de transport de force placée au laboratoire d'essais. Il est alimenté par un groupe générateur à 2.000 volts, installé à la station centrale de lumière, située à 2 kilomètres environ. Les fils nus d'amenée du courant reposent sur des pylônes métalliques et aboutissent aux primaires de transformateurs réducteurs, placés dans la station et qui abaissent la tension à 110 volts, tension d'utilisation du moteur. Le courant nécessaire à l'alimentation des ponts et autres moteurs est fourni à 220 volts par la station génératrice placée à proximité. Cette station, qui actionne également les Ateliers d'Artillerie, est actuellement d'une puissance de 700 chevaux et est prévue pour 1.000. La canalisation aérienne formée de câbles nus aboutit à un pylône métallique fixé aux fermes de l'Atelier d'Électricité. L'éclairage intérieur de l'atelier est à courants alternatifs à basse tension, fourni par des transformateurs alimentés par la station centrale de lumière précédemment citée.

Laboratoire d'essais. — Avant d'être livrés, tous les appareils électriques subissent des essais dépendant des conditions auxquelles il doivent satisfaire. A cet effet, ils passent dans un Laboratoire d'essais, où ils sont soumis à des essais multiples à l'aide d'appareils de mesure les plus modernes et les plus pratiques. Après les relevés usuels, les dynamos et appareils sont soumis à des essais de fonctionnement se rapprochant le plus possible des conditions de marche normale. En outre, par des épreuves d'isolement et de surcharge, on acquiert la certitude que les appareils se comporteront bien ultérieurement : ce n'est qu'après avoir donné des résultats satisfaisants que les appareils sont enfin expédiés.

Dynamo type S.

Peinture et essai final. — Les dynamos et appareils, après leurs essais, passent au finissage et à la peinture. Une fois complètement terminés on s'assure, autant que possible, par un essai final sur place, que le remontage a été bien fait.

STATION CENTRALE D'ÉLECTRICITÉ

Les premières lampes à arc furent installées au Creusot il y a vingt ans. Depuis cette époque, l'éclairage au gaz fut peu à peu remplacé par l'éclairage électrique, qui empruntait l'énergie à différentes dynamos à courant continu, installées sur les lieux même d'utilisation, à proximité des chaudières et moteurs à vapeur existants. En 1891 on comptait aux usines plusieurs installations d'éclairage à courant continu et à courants alternatifs représentant une puissance totale d'environ 150 chevaux. Comme il fut décidé à cette époque d'éclairer électriquement l'Hôtel-Dieu, alors en construction, on songea à créer une station électrique unique, pour produire l'énergie nécessaire à l'éclairage des Usines et de l'Hôtel-Dieu. Par suite de la grande étendue du réseau à desservir, la solution adoptée fut la distribution à courants alternatifs à 2.000 volts, à potentiel constant avec sous-stations de transformateurs réducteurs établies aux points principaux de consommation.

En 1893, après l'érection du bâtiment des machines, prévu avec possibilité d'agrandissement futur, deux premiers groupes électrogènes furent installés, l'un de 150 chevaux, l'autre de 300. Depuis, les extensions de l'éclairage électrique prirent une telle importance que, l'année suivante, l'installation d'un nouveau groupe de 300 chevaux s'imposait, et qu'en 1897, le groupe de 150 chevaux était remplacé par un troisième de 300. En outre des trois groupes destinés à l'éclairage, la station comprend deux groupes, formés chacun d'un moteur monocylindrique à vapeur et d'une dynamo Ganz à courant continu de 125 chevaux, fournissant l'énergie aux ponts roulants électriques des ateliers voisins, au potentiel de 220 volts; un troisième groupe de même puissance, est composé d'un moteur à vapeur semblable aux précédents et d'un générateur biphasé, formé de deux dynamos Ganz jumelées mécaniquement, qui alimentent le moteur du Laboratoire d'électricité situé à 2.000 mètres environ de la station.

Les chaudières d'alimentation des moteurs à vapeur ont été faites au Creusot. Elles appartiennent au type multitubulaire et sont chauffées très économiquement

6

par les gaz qui s'échappent des hauts-fourneaux. Les machines à vapeur du type Schneider à échappement libre sont horizontales et à deux cylindres fonctionnant en Compound, avec enveloppe de vapeur. Les deux pistons actionnent le même arbre sur lequel est claveté l'inducteur de la dynamo. La distribution se fait par tiroirs cylindriques équilibrés, commandés par des excentriques, qui reçoivent le mouvement de contre-manivelles rapportées aux extrémités de l'arbre principal.

La dynamo de chaque groupe est du système Ganz, à courants alternatifs monophasés. La carcasse repose sur le bâti de la machine à vapeur entre les deux cylindres.

Deux artères principales, l'une de 500 mètres et l'autre de 1.400 mètres environ, partent des barres du tableau et se dirigent aux deux extrémités des Usines, en déversant le courant dans la dérivation primaire correspondant aux différents postes de transformateurs. Ces conducteurs principaux et secondaires sont nus et supportés par des pylônes métalliques sur les toits des ateliers. L'artère qui alimente la partie sud-est des Usines est souterraine sur une partie de sa longueur au croisement des lignes télégraphiques. On a fait usage, dans ce tronçon, d'un câble concentrique Berthoud-Borel armé, de 150 mètres de longueur et de 50 $\frac{m}{m}^2$ de section, placé dans un caniveau de 50 $^c/_m$ de profondeur. Au-delà du croisement, la ligne redevient aérienne et se bifurque en plusieurs directions pour l'alimentation des différents ateliers et de l'Hôtel-Dieu. La puissance maximum absorbée peut atteindre 20 kilowats et la distance de l'Hôtel-Dieu au point de branchement de la dérivation est d'environ 1.500 mètres.

Dans chaque Service est installé un tableau par dérivation primaire, qui consiste en un châssis vitré contenant un interrupteur bi-polaire à haute tension.

un compteur Blathy pour courants alternatifs, deux
fusibles, deux bornes et deux lampes. L'alimentation
de tous les postes de transformation du même Service
dépend de ce tableau, de sorte que chaque compteur
totalise l'énergie consommée dans le Service correspondant.

Les transformateurs, du type Ganz, réduisent la tension de 2.000 à 110 volts, tension à laquelle sont
utilisées les lampes à incandescence.

Actuellement, le nombre des lampes à incandescence alimentées atteint 4.000 et le nombre des lampes
à arc 400.

SERVICES DES CONSTRUCTIONS NAVALES
& DES PONTS & CHARPENTES

CHANTIERS DE CHALON-SUR-SAONE

La fondation des Chantiers de Chalon remonte à l'année 1839. Pendant les quatre premières années (1839-1843), le personnel des Chantiers ne s'élevait guère à plus de 40 à 50 ouvriers (manœuvres, chaudronniers, riveurs, charpentiers, forgerons); l'outillage, des plus primitifs, était composé de poinçons-cisailles manœuvrés à bras; les constructions se résumaient en un bâtiment servant, au rez-de-chaussée, d'abri aux deux forges, au premier, de logement au contre-maître et de bureau au directeur, enfin un petit hangar pour les machines-outils. On construisait alors uniquement des coques de bateaux en fer, *Allobroge*, *Ville de Turin*, *Citis*, etc., ce qui fit donner aux Chantiers, dès l'origine, le surnom de " Bateau de Fer ", expression qui est encore couramment employée dans la région. Ce n'est qu'en 1843 que les Chantiers prirent de l'extension, par suite de l'installation d'une machine motrice et d'outils commandés mécaniquement : poinçons-cisailles, tours. En même temps fut lancé le premier remorqueur pour le service de la Saône : le *Griffon*, puis les premiers grands bateaux pour la navigation du Rhône : l'*Aigle du Rhin*, la *Foudre*, l'*Ouragan*, le *Mississipi*, et le *Missouri*, enfin les remorqueurs de la Saône : le *Vengeur*, la *Ville d'Autun*, la *Ville de Mâcon*, etc.

Torpilleurs en construction aux Chantiers de Chalon-sur-Saône.

La construction des premiers chemins de fer fut très favorable au développement des Chantiers, par cette circonstance heureuse que Chalon était le point terminus de la ligne de Paris. Depuis 1847, époque où le premier train s'arrêtait à Chalon, jusqu'en 1854, époque où l'exploitation fut continuée jusqu'à Lyon, les Chantiers traversèrent une période des plus florissantes : ils eurent à construire tous les grands transports destinés au trafic du Rhône, tels que l'*Océan*, la *Méditerranée*, le *Mistral*, le *Sirocco*, le *Crocodile*, le *Marsouin*, etc.; les bateaux-grappins : la *Ville d'Arles*, la *Ville de Beaucaire*, la *Ville de Valence*, destinés à aider les bateaux à franchir les rapides; les bateaux pour service des voyageurs : le *Zéphir*, l'*Eole*, l'*Eclaireur*, etc. En même temps, les Chantiers lançaient des bateaux de plaisance tels que : la *Seine*, destiné au service de l'Empereur, l'*Ariel* et le *Dauphin*, commandés par le pacha d'Egypte pour la navigation du Nil.

La renommée de ces constructions s'étendait au loin, et les Chantiers livraient d'importantes fournitures pour la navigation du Pô et du Danube.

L'outillage des Chantiers suivait l'essor de ces nombreux travaux ; dès 1853, on construisait un nouvel atelier pour les machines-outils, et l'année suivante on installait un nouveau moteur de 30 chevaux.

Pendant cette brillante période de constructions marines, le développement des chemins de fer s'était accentué; aussi dès 1853, MM. Schneider songèrent à trouver dans la construction des ponts métalliques un nouvel aliment pour leurs Chantiers de Chalon. Les deux premiers ponts qui sortirent des ateliers en 1853, étaient destinés à la Compagnie du Chemin de fer de Paris-Lyon et situés près la gare de Lyon-Vaise. Pendant les dix premières années (1853-1863), quatre cent cinquante ponts sont sortis des

Viaduc du Malleco, au Chili.

ateliers de Chalon, pour toutes les lignes françaises et étrangères : ligne de Paris à Lyon (Cⁱᵉ P.-L.-M.); lignes de Besançon, de Saint-Dizier, des Ardennes, de Strasbourg (Cⁱᵉ de l'Est); lignes de Brives, Savenay à Lorient, de la Dordogne, de Lorient à Quimper, d'Auray à Napoléon-Ville (Cⁱᵉ d'Orléans); ligne du Rhône au Mont-Cenis; ligne de Lausanne à Fribourg; en Italie, le pont de Civita-Vecchia; en Espagne et Portugal, les ponts sur le Tage, etc.

Durant cette même période, d'autres ouvrages importants sont construits pour différentes Administrations; en 1858, le pont tournant de Cherbourg, pour l'Administration de la Marine; en 1859, le pont tournant de Brest, pour l'Administration des Ponts et Chaussées.

Le développement croissant des Compagnies de Chemins de fer donnait également un autre aliment de grosse chaudronnerie pour les Chantiers de Chalon. Nous voulons parler de la fabrication des tenders, qui est restée une de leurs nombreuses spécialités; de 1853 à 1863, il est sorti des Chantiers 460 caisses de tenders pour les lignes de Lyon, de l'Ouest, des Ardennes, pour les Compagnies du Nord de l'Espagne, de Saragosse, de Séville à Cordoue, pour les chemins de fer Lombards, Vénitiens, etc.

Les Chantiers de Chalon ont fourni aux Compagnies de Chemins de fer leurs premières charpentes : gare de marchandises de Bercy à Paris, en 1858, ateliers de réparations de la gare de Rome, 1859, gare de Civita-Vecchia, gare d'Alicante, etc.

La fin de cette période marque un nouveau développement de l'outillage; la force motrice est portée de 30 à 50 chevaux.

Les années suivantes sont également fécondes en travaux de ponts : de 1854 à 1865, 38 ponts sortent des ateliers, à destination du canal de la Haute-Marne; en 1866, le pont roulant de Rio-Janeiro (Brésil); en 1868-69, toute une série de ponts pour l'Algérie; en 1869-70, le superbe pont de Stadlau en Autriche. Pendant le même temps, les Chantiers exécutent d'importants travaux de marine pour la Russie (remorqueurs *Anatole* et *Anna*, pour le Volga, bateaux de plaisance pour la Néva, etc.), chaloupes pour la Compagnie Transatlantique, grues flottantes pour le port de Toulon, etc.

Dès l'apparition des procédés pneumatiques pour le fonçage des piles de ponts à l'air comprimé, MM. Schneider créent, dans leurs Chantiers de Chalon, une nouvelle spécialité pour l'étude et la construction des caissons métalliques; les premiers caissons, destinés aux ponts d'Arles et de Saint-Gilles, furent construits en 1865.

En 1867, la force motrice était portée de 50 à 80 chevaux.

Pendant la guerre Franco-Allemande (1870-71) les travaux courants des Chantiers furent considérablement diminués et MM. Schneider portèrent tous leurs efforts sur les travaux de la défense nationale, tels que ferrures de caissons à munitions, avant-trains, arrière-trains, affûts de siège et de campagne, etc. Après 1870, les Chantiers continuèrent et développèrent les travaux d'artillerie : en 1874, ils fournirent les ferrures de 1.360 affûts pour pièces de campagne de 5 rayées; en 1877, 150 affûts de 90 $\frac{m}{m}$; en 1880, 210 affûts de siège et de place pour canons de petits calibres. En même temps, il fallait reconstruire les ponts détruits par l'invasion Allemande (pont d'Athis, pont d'Orival, etc.) et continuer le développement de nos voies ferrées; aussi les Chantiers reprennent-ils le premier rang dans la construction des ponts et charpentes.

C'est à cette même époque que le général Marcille, alors commandant du génie, songeait à doter notre défense nationale de ponts militaires démontables, capables de supporter les mêmes charges que les ponts définitifs auxquels ils sont destinés à se substituer, lorsque l'ennemi a fait sauter un certain nombre de travées; le Ministre de la guerre confia l'exécution de ces travées démontables (travées de 10, 15, 20 et 30 mètres) aux Chantiers de MM. Schneider et Cⁱᵉ, qui avaient collaboré aux études de détails.

Malgré cette surcharge dans la production des ponts, les constructions de charpentes et de marine suivaient leur cours régulier. Parmi les œuvres les plus remarquables de cette époque, citons la gare de voyageurs de la Compagnie d'Orléans à Paris (1869) et la galerie des machines de l'Exposition Internationale de 1878; ce travail, représentant plus de 4.000 tonnes de métal, fut exécuté en un an, y compris les études et le montage sur place.

L'énumération des travaux de marine correspondants serait trop longue : rappelons simplement la grue flottante de 10 tonnes du port de Toulon (1873), le ponton-bigue de 50 tonnes du port de Brest (1876); 20 chalands charbonniers destinés aux ports de Brest et Cherbourg (1877); le porteur de déblais le *Balayeur* pour le port de Toulon (1879); 2 bateaux-portes pour Saïgon (1879); 2 bateaux-portes pour Cherbourg et Lorient (1882-84). Depuis cette époque, la construction des bateaux-portes devient une des spécialités des Chantiers de Chalon, qui ont fourni la majeure partie de ceux de nos arsenaux.

Enfin, en 1885, MM. Schneider toujours soucieux des problèmes intéressant notre marine militaire, abordèrent avec succès les études et l'exécution des torpilleurs. Les appareils moteurs et évaporatoires furent confiés aux Ateliers de Constructions du Creusot, tandis que les Chantiers de Chalon exécutaient les coques et l'armement et livraient ces petits navires complètement terminés au moment de leur descente sur Toulon.

Dès 1885, MM. Schneider et Cⁱᵉ obtiennent la fourni-

Pont Alexandre III, sur la Seine, à Paris, inauguré pour l'Exposition universelle de 1900.
Passerelle de montage.

ture de 11 torpilleurs de 35 mètres, vitesse 20 nœuds.
En 1887-88, le Gouvernement Japonais fait exécuter
dans les Chantiers 17 torpilleurs du même type et un
torpilleur de 34 mètres de même vitesse. Le Gouvernement Français commande ensuite une série de 3
torpilleurs de 34 mètres, vitesse 20 nœuds, et une série
de 5 torpilleurs de 36 mètres, même vitesse (1889-92),
2 torpilleurs à embarquer vedettes de 19 mètres,
vitesse 17 nœuds (1894); 16 torpilleurs de 37 m. 500,
vitesse 24 nœuds (1897); 6 torpilleurs à embarquer de
19 mètres, vitesse 18 nœuds (1898).

Pendant toute cette dernière période (1885-1898), le
développement des Chantiers ne s'était pas ralenti un
seul instant et les différentes sections des ateliers
travaillaient sans cesse à pleine charge. C'est ainsi
que la section des ponts a fourni, durant ce temps,
plus de 10.000 tonnes de ponts au Gouvernement du
Chili; quelques-uns de ces ouvrages, tels que le viaduc
du Malleco, sont très remarquables par leur hardiesse.
Citons encore le pont Morand sur le Rhône à Lyon
(1889-90), le viaduc du Claps (215 mètres de longueur
1890-91); le pont sur la Borcéa, 418 mètres de longueur,
construit, en 1893-94, pour le Gouvernement Roumain;
les ponts du Canal de Jonage (1896); les ponts de la
ligne de Longeray à Divonne (1897), tous les ponts de
la ligne Hanoï-Lang-Son au Tonkin (1897-98); le pont
sur le Cher à Chabris (1897); les trois ponts tournants
de Cette (1897-98); enfin le pont de Hué, 400 mètres,
dans l'Annam; le pont de Fleurville (173 mètres) sur la
Saône, et, en collaboration avec la Cie de Fives-Lille, le
pont Alexandre III à Paris, inauguré par M. le Président
de la République, à l'ouverture de l'Exposition universelle de 1900.

La section des charpentes a fourni une grande
quantité de chevalements pour mines, des fermes pour
usines et stations, dont les plus remarquables sont
celles de la Grande Forge du Creusot, les ateliers de

Pont Morand, à Lyon.

chaudronnerie des Mouissèques pour les Forges et Chantiers de la Méditerranée, les halles de criblage et lavage de Montceau-les-Mines et enfin la gare de Santiago du Chili (1898), ferme sans tirant, de 50 mètres de portée et 25 mètres de hauteur.

La section des travaux publics a exécuté un grand nombre de caissons métalliques pour fondations à l'air comprimé, notamment les caissons de fondations des ponts de la Borcéa (1893), foncés à 35 mètres de profondeur; les caissons des ponts du Tonkin, foncés à des profondeurs variables depuis 12 mètres jusqu'à 24 mètres de profondeur (1897); les caissons du pont de Hué (1898), etc.

Dans le matériel de dragage, nous trouvons des coques de remorqueurs et de porteurs de déblais, la coque d'une drague à deux hélices de 400 chevaux pour le port militaire de Rochefort, les coques de trois porteurs à succion de 250 mètres cubes et de deux porteurs de 300 mètres cubes pour la Russie, etc.

La section maritime, outre les torpilleurs déjà énumérés et le matériel de dragage, a fourni nombre d'autres constructions telles que des pontons-bigues de 50 et de 16 tonnes pour le Gouvernement Français (1887); le remorqueur le *Perret-Morin*, pour les mines de Blanzy (1886); les citernes à vapeur l'*Oasis* et le *Filtre* (1886); le dock flottant à deux places, pour torpilleurs, pour le port de Toulon (1888); deux nouveaux bateaux-portes pour Toulon (1898); un bateau-porte pour Saïgon (1898); trois bateaux-portes pour Brest (1899); 14 barques de touage et 6 grands remorqueurs de 1.000 chevaux pour la Compagnie de Navigation du Rhône; les chalands démontables pour la campagne de Madagascar; les bateaux pour équipages de ponts de campagne de la République Argentine; enfin de nombreuses portes d'écluses dont les plus récentes sont celles du Canal de Jonage.

SERVICE DE L'ARTILLERIE ET DES FORTIFICATIONS

Durant toute la période des guerres de la Révolution et du Premier Empire, le Creusot fabriqua sans relâche du matériel d'artillerie : bouches à feu en fonte ou en bronze et des quantités de projectiles, dont les armées de terre et de mer avaient alors un besoin incessant. A la paix de 1815, les travaux d'artillerie furent nécessairement suspendus : ils ne devaient reprendre qu'en 1870.

MM. Schneider, à l'occasion de la guerre de 1870, s'empressèrent de répondre à l'appel du Gouvernement de la Défense Nationale et ils improvisèrent des moyens d'action qui leur permirent de livrer en cinq mois :

25 batteries de 7, système " de Reffye ", en bronze;
2 batteries de mêmes calibre et système, en acier;
16 batteries de mitrailleuses, système " de Reffye ", au total 250 bouches à feu.

Canon de Reffye 1870.

Cette livraison fut accompagnée des affûts, avant-trains, caissons, etc., nécessaires, soit en tout 370 voitures.

Mitrailleuse de Reffye 1870.

A cette époque, les idées n'étaient pas nettement fixées sur les qualités qu'il paraissait convenable d'exiger pour l'acier à canons et le Gouvernement Français entama des pourparlers avec MM. Schneider et Cⁱᵉ, pour qu'il fût fait une série d'expériences, en vue d'arrêter les bases du mode de production du métal nécessaire et de déterminer exactement les conditions auxquelles il devait satisfaire. Les Usines de MM. Schneider et Cⁱᵉ furent choisies, parce que leurs produits jouissaient d'une réputation européenne et parce que ces Usines possédaient déjà de très grandes ressources au point de vue de la production du métal voulu, de l'usinage et de la construction des bouches à feu.

Ces expériences furent conduites sous la direction personnelle de M. Schneider et furent suivies par une

Commission formée d'Officiers d'artillerie nommée par le Gouvernement.

A la suite de ces expériences, M. Schneider reçut la commande de :

2 canons de 75 $\frac{m}{m}$;
2 canons de 95 $\frac{m}{m}$;
2 canons de 78 $\frac{m}{m}$ 6.

Il fut reconnu que l'ajustage et l'inter-changeabilité des appareils de fermeture de culasse de ces premiers canons, avaient été au Creusot l'objet de soins tout particuliers et que, sous ce rapport aussi, les canons Schneider ne le cédaient en rien aux canons de toute autre provenance.

Dès que l'emploi des tourelles a été à l'ordre du jour, tant à bord des navires que pour les fortifica-

Tourelle pour canon de 12 o/m à tir rapide, Danemark.

7

tions terrestres, MM. Schneider ont étudié ce matériel.
Ils ont participé aux premières fournitures de tourelles en fonte dure au génie français; ils ont exécuté
ensuite, pour ce même service, des tourelles à éclipse
et d'autres ouvrages cuirassés, tels que caponnières,
observatoires blindés, etc. La puissance de leurs
installations leur a permis de fournir également des
constructions de ce genre aux pays étrangers. Nous
citerons, parmi les plus importantes, les tourelles et
autres ouvrages cuirassés fournis à la Belgique, à la
Roumanie et à la Hollande. Une des spécialités de
MM. Schneider est la construction des tourelles de
bord : ils ont fourni un grand nombre de ces tourelles
à la Marine Française, à la Marine Espagnole, etc.

Une bonne part des perfectionnements obtenus dans
la construction du matériel de guerre, tant au point
de vue très important de la qualité du métal qu'à celui
de la fabrication proprement dite, est due à l'initiative
de MM. Schneider.

Etablissements du Creusot. — De 1870 à 1888, la
fabrication du matériel d'artillerie était faite dans le
Service des Ateliers de Constructions du Creusot. En
raison de la très grande importance qu'avait prise
cette fabrication, M. Henri Schneider décidait, en 1887,
la création des Ateliers spéciaux d'Artillerie, qui cou-
vraient au début 3.500 m² et qui en couvrent actuellement 27.500.

Le premier atelier, commencé en 1888 (atelier Nord),
destiné à l'usinage des canons gros et moyens, des
affûts de côte et de bord et des tourelles de place et
de bord, se compose actuellement de six travées
groupées par trois, celles du milieu étant plus larges
et plus hautes que celles des côtés.

L'atelier Sud, destiné à la fabrication du matériel de
campagne et de siège, construit en 1897, près de

Ateliers d'Artillerie du Creusot.

l'atelier Nord, est séparé de cet atelier par une route; une passerelle, qui traverse cette route, permet la circulation sans sortir de l'usine.

Canon de 15 o/m de 45 calibres à tir rapide sur affût
à pivot central, pour la Marine Portugaise.

Cet atelier se compose actuellement de trois bâtiments, l'un de sept travées de 10 mètres avec une longueur moyenne de 117 mètres et chacun des deux autres, de trois travées de même largeur ayant une longueur moyenne de 87 mètres; les trois ateliers sont séparés par des cours de 10 mètres de largeur. L'orientation de cet atelier et l'exiguïté des travées, en rapport avec la nature du travail, ont décidé M. Eugène Schneider à adopter la couverture en crémaillère, qui n'avait pas encore été employée aux usines de MM. Schneider et Cte pour les bâtiments de grande dimension. Pour faciliter les agrandissements dans les deux sens, les murs sont supprimés, et les colonnes et fermes de rive sont identiques aux colonnes et aux fermes courantes. Les colonnes, à 10 mètres d'écartement dans un sens et à 5 mètres dans l'autre, sont entretoisées transversalement par des poutres légères en fer supportant les fermes, et longitudinalement par les voies des ponts roulants. Comme dans l'atelier Nord, la couverture est en ardoises avec voligeage de lambris sous le chevron, le sol est aussi bétonné et recouvert de ciment. Les côtés Nord de la crémaillère sont vitrés en verre cannelé.

Canon de 15 o/m de 45 calibres à tir rapide, à bord du " Sao Gabriel ".

Les Ateliers d'Artillerie du Creusot comprennent en plus des bâtiments que nous venons de décrire, plusieurs annexes, dont trois situées près de l'atelier Nord et une située près de l'atelier Sud. Près de l'atelier Nord, l'un des bâtiments qui mesure 37 mètres de longueur sur 11 m. 500 de largeur, et qui comprend un rez-de-chaussée et un étage, est occupé par les bureaux du Service de l'Artillerie. Le deuxième bâtiment, qui mesure 62 mètres de longueur sur 21 m.50 de largeur est occupé par les magasins; enfin, le troisième bâtiment, qui mesure 29 m. 50 de longueur sur 14 mètres de largeur, est occupé par la station centrale à vapeur d'énergie électrique; à côté de ce bâtiment sont placées les chaudières à vapeur qui occupent un emplacement de 27 mètres de longueur sur 14 mètres de largeur et une cheminée en briques de 40 mètres de hauteur. Près de l'atelier Sud, sur un emplacement de 28 mètres de longueur et 18 mètres de largeur, sont installés, une batterie de chaudières à vapeur, des hangars couverts de tôle ondulée, et un bâtiment d'ateliers annexes pour le séchage et le cintrage des bois.

Les Ateliers d'Artillerie Nord et Sud sont desservis par les voies ferrées du réseau général de l'Usine. Le Service Auxiliaire assure les transports avec le matériel roulant commun pour les matières et les pièces courantes, et avec un matériel spécial pour les pièces d'un fort tonnage ou de grandes dimensions. Des grues roulantes à vapeur de 6 à 10 tonnes permettent de manutentionner dans les cours des Ateliers d'Artillerie tous les éléments bruts provenant des autres Services et de les déposer sur des chantiers en attendant leur tour d'usinage. Ces pièces, reprises et chargées sur les wagonnets de service local, pénètrent dans les ateliers par les voies qui les amènent sous les ponts roulants.

Canon de 27 o/m sur affût à éclipse, pour le
Gouvernement Japonais.

Canons de siège de 12 c/m, pour le Gouvernement Serbe, en expédition.

L'atelier Nord est desservi par quatorze ponts roulants; un pont roulant de 60 tonnes et deux de 30 tonnes desservent les grandes travées centrales; trois ponts roulants de 15 tonnes et huit de 6 et 3 tonnes desservent les travées latérales; ces ponts roulants sont mus chacun par un moteur électrique, qui actionne en permanence, au moyen d'une courroie, un arbre sur lequel sont montés les cônes de friction qui commandent les trois mouvements de levage et de translation; un machiniste dirige chaque pont, en agissant sur des leviers de manœuvre placés dans une cabine attenante au pont. Dans l'atelier Sud il y a un pont de 6 tonnes par travée; ces ponts électriques, construits par MM. Schneider et Cie, sont à trois électromoteurs, un par mouvement.

L'atelier Nord, destiné à l'usinage des canons gros et moyens, des affûts de côte et de bord, des tourelles de place et de bord, renferme les machines-outils appropriées à ces travaux. Les travées centrales, qui sont desservies par des ponts roulants de 30 et 60 tonnes, renferment les tours, les foreuses et les machines-outils pour travailler les gros canons et leurs affûts; elles sont aussi en partie occupées par les chantiers de montage des moyens et gros ouvrages. La travée latérale Ouest du groupe Ouest, desservie par deux ponts roulants de 15 tonnes, contient les tours, les foreuses et les autres machines-outils pour le travail des canons moyens, de leurs affûts et de pièces diverses entrant dans la construction du matériel d'artillerie; l'autre travée latérale de ce groupe, desservie par des ponts roulants de 3 et 6 tonnes, renferme les petites machines-outils, les tours au cuivre, une section de l'ajustage et le magasin d'outils et de matières. La travée latérale Ouest, du groupe Est, desservie par un pont roulant de 15 tonnes, contient les machines à raboter, et la section d'ajustage et de montage des canons; dans la quatrième travée laté-

rale se trouvent l'atelier de forge et d'outillage, un
certain nombre de machines-outils plus spécialement
utilisées à la construction des appareils électriques
accessoires et une troisième section d'ajustage à
main.

Canon de 6" de 50 calibres à tir rapide, sur affût de côte
à pivot central, pour le Gouvernement Russe.

L'atelier Sud, plus spécialement destiné à la fabrication du matériel de campagne, comprend trois
bâtiments, dont l'un a 8.200^{m2} de surface, et chacun
des deux autres 2.600^{m2}. Le premier est composé de
sept travées, desservies par des ponts roulants de
6 tonnes. Trois de ces travées sont occupées par les
tours, une par les machines à rayer et machines-
outils diverses et trois par l'ajustage, le montage,
l'outillage, le manchonnage et le magasin de distribution d'outils et de fournitures. Les deux autres bâtiments sont composés chacun de trois travées, et
renferment l'un l'atelier de forge et de chaudronnerie
et l'autre le magasin de bois, le magasin d'approvi-
sionnements et l'atelier à bois pour la fabrication des

roues, des caissons, etc. Un bâtiment annexe renferme une étuve pour le séchage des bois, un atelier de cintrage des jantes en bois, des fours et des étuves pour le vernissage des douilles et des projectiles, et enfin une batterie de chaudières destinée à produire la vapeur nécessaire aux pilons de la forge, au chauffage de l'atelier à bois et des étuves.

Chambrage d'un canon de 24 o/m.

Parmi les plus gros outils, nous citerons deux machines à forer et à aléser les canons, de 1 m. 20 de hauteur de pointes et de 15 mètres de course; un tour de 1 m. 40 de hauteur de pointes et 15 mètres entre pointes et une machine à rayer de 14 mètres de course. Ces outils sont destinés à travailler les plus gros canons. MM. Schneider et Cie peuvent faire dans ces ateliers les gros canons de tous les calibres. Nous citerons encore un gros tour à plateau horizontal pouvant tourner 6 mètres. La chaudronnerie renferme une presse hydraulique de 150 tonnes, pour emboutir les flasques d'affûts et une riveuse hydraulique; une autre presse hydraulique, spéciale pour la pose et le sertissage des ceintures, est installée dans l'atelier des projectiles. L'atelier de forge renferme deux pilons à vapeur à double effet, de 250 et 500 kilos, un pilon à matricer de 2.000 kilos, et des fours spéciaux pour le forgeage, le recuisage, la trempe et la cémentation des petites pièces entrant dans la construction du matériel de campagne. Des marbres de traçage, des marbres de précision, des mandrins, lunettes, etc., complètent l'outillage général. Un outillage de précision permettant de mesurer le centième de millimètre, étoiles mobiles, mesures à expansion, palmers, etc., et enfin un étalon métrique exact, servent au mesurage des canons et à l'établissement de toutes les broches et calibres employés dans la fabrication.

Canon de 47 m/m de 60 calibres, sur affût à pivot central, avec culasse à filets concentriques.

La station centrale à vapeur d'énergie électrique à distribution à trois fils, d'une puissance de 700 chevaux, pour le Service de l'Artillerie, est placée près de l'atelier Nord et comprend trois groupes. Les chaudières, timbrées à 9 kilos, sont de deux types : deux

groupes sont formés chacun de deux chaudières tubulaires à foyer intérieur ondulé; l'autre groupe comprend deux chaudières multitubulaires; la surface
totale des grilles de toutes les chaudières est de
22m2,50, la surface totale de chauffe est de 1.000m2.
Deux groupes de générateurs assurent le service
à pleine charge, le troisième est en réserve. Les trois
machines motrices Compound, fonctionnant à une
pression initiale de 7 kilos, sont de deux modèles.

Canon de campagne de 76 m/m 2, modèle 1899.

Chaque machine à vapeur commande, par courroie
unique, deux dynamos génératrices à courant continu
Thury construites au Creusot; la tension de chaque
génératrice est de 225 volts; la distribution étant à
trois fils, les deux génératrices reliées mécaniquement
à la poulie de commande par deux embrayages élas-
tiques, sont accouplées en tension et donnent 450 volts
sur les deux fils extrêmes de la distribution; un régu-
lateur électrique, qui agit sur l'excitation des génératrices, maintient la tension constante, quel que soit le
débit. Les trois groupes générateurs d'énergie électrique peuvent être réunis en parallèle; cependant le

Canon de 24 c/m, pour le Gouvernement Japonais.

groupe de 100 chevaux est plus spécialement affecté au service de nuit. Dans la distribution, les trois conducteurs principaux, formés de câbles nus, sont aériens; ils alimentent directement tous les moteurs fixes actionnant les transmissions des ateliers Nord et Sud et quelques moteurs d'outils à commande directe; puis les moteurs de tous les ponts roulants de ces ateliers par des fils conducteurs placés le long des poutres de roulement des ponts et reliés à la distribution de chaque pont par des frotteurs, genre trolley, ils alimentent aussi une canalisation intérieure, en fil nu, permettant de placer rapidement, en des points quelconques des ateliers, des moteurs omnibus appropriés aux différents travaux spéciaux qui se présentent dans la construction du matériel d'artillerie.

Les lignes de transmissions principales de l'atelier Nord, constituées par des tronçons d'arbre de 5 mètres de longueur, sont établies le long des colonnes et des murs, à 3 m. 20 de hauteur, sur des paliers distants de 5 mètres; les paliers qui se trouvent entre les colonnes, distantes de 10 mètres, reposent sur des colonnettes fixées sur le sol; celles de l'atelier Sud, dont les tronçons ont la même longueur, sont établies sur des paliers placés à 3 mètres de hauteur sur des consoles portées par les colonnes, distantes de 5 mètres.

Dans les deux ateliers, les renvois sont attachés aux poutres des ponts roulants.

Cinquante moteurs d'une puissance variant de 1 à 60 chevaux actionnent les transmissions, les ponts roulants et les outils isolés des deux ateliers; la tension aux bornes des moteurs est de 210 volts.

Tout le matériel à vapeur et électrique de la station et tous les moteurs des ateliers ont été construits dans les ateliers de MM. Schneider et Cie.

Les ateliers Nord et Sud possèdent chacun un puits pour la pose des manchons et des frettes; le puits de l'atelier Nord permet de manchonner les canons les plus longs, il est situé dans la travée principale Ouest et desservi par les deux ponts roulants de 30 et

Canon de montagne de 75 m/m, modèle 1898.

60 tonnes; le puits de l'atelier Sud, situé à l'extrémité Nord de la travée 5, étudié plus spécialement pour le matériel de campagne, permet cependant de manchonner et de fretter des canons de 5 mètres de longueur; il est desservi par un pont roulant de 6 tonnes. Le chauffage des manchons et des frettes est obtenu avec des chalumeaux à gaz spéciaux; les éléments, manchons ou frettes, sont chauffés lentement et leur température, toujours proportionnelle à la dilatation à obtenir, n'atteint jamais 400°; pour les manchons de grande longueur, des règles, à contacts électriques, présentées après chauffage sur trois génératrices du manchon, indiquent rapidement et avec précision, par un signal acoustique, si l'opération de dilatation n'a pas produit d'arcure, ce qui permet de procéder à l'embatage en toute sécurité.

Un service d'arrosage, avec appareils appropriés, complète l'installation.

La fabrication du matériel d'artillerie a pris, dans ces dernières années, une extension considérable; la question de l'artillerie de campagne à tir rapide a surtout contribué à ce développement en accentuant la concurrence des diverses usines qui s'en sont occupées.

Canon de 27 o/m, pour le Gouvernement Japonais.

En Allemagne, le Gouvernement, craignant que la rivalité des usines Krupp et Grüson les mit en état d'infériorité par rapport aux établissements des autres nations, provoqua leur fusion. Cet accord eut lieu le 1er mai 1893, à la suite d'un concours organisé en vue du renouvellement de l'artillerie de campagne allemande. Cet exemple a été suivi récemment par les constructeurs anglais Armstrong et Whitworth.

MM. Schneider et Cie firent, en janvier 1897, 'lacquisition du Service de l'Artillerie des Forges et Chantiers de la Méditerranée.

MM. Schneider et Cie, en associant ce Service et les Ateliers du Havre qui en dépendent à leur importante

Ateliers d'artillerie du Havre.

installation analogue du Creusot, ont pu réaliser un ensemble permettant à notre fabrication de lutter victorieusement avec les établissements étrangers. Les deux Services du Havre et du Creusot ont été réunis : M. Canet a reçu le titre de Directeur de l'Artillerie de MM. Schneider et Cie.

Mortier de 15 o/m, pour le Gouvernement Serbe.

Par suite de la situation même de leurs deux Services d'Artillerie, MM. Schneider ont pu répartir très judicieusement entre leurs Établissements les nombreuses commandes de matériel qui leur sont faites; leurs Etablissements du Havre se trouvent naturellement indiqués pour la fabrication du matériel de bord par suite de leur proximité du port, où les navires ont toutes facilités pour venir s'armer; le matériel de côte y est également construit et peut être expédié par mer très commodément. D'autre part, les Ateliers d'Artillerie du Creusot exécutent principalement le matériel de campagne et celui de siège et de place.

Cette répartition n'a d'ailleurs rien d'absolu et les deux Services se prêtent mutuellement concours, suivant l'importance de leurs commandes respectives. Dans ce but, ils possèdent chacun l'outillage le plus complet, leur permettant d'exécuter toutes les variétés du matériel d'artillerie, depuis les canons de montagne pesant 100 kilos jusqu'aux canons de bord et de côte des plus gros calibres.

Etablissements du Havre. — Les premières installations des Ateliers du Havre remontent à 1884. Elles ont été depuis considérablement augmentées et se composent actuellement de sept nefs juxtaposées, ayant chacune 126 mètres de longueur et dont les largeurs sont différentes; le sens de leur longueur est orienté du Nord au Sud.

La nef Ouest, d'une largeur de 12 mètres à sa partie Sud, est occupée par les bureaux réservés aux Services technique et administratif; la partie centrale de cette nef est réservée aux machines motrices de l'atelier et aux machines d'essai des métaux. Le reste de cette nef est affecté aux opérations d'emballage du matériel.

Canon de montagne de 75 m/m, modèle 1895.

Les six autres nefs, à partir de celle dont nous venons de parler, ont successivement des largeurs de

9, 17, 9, 10, 12 et 15 mètres avec des hauteurs sous chéneaux de 6, 9, 6, 6, 7 m. 50 et 10 mètres respectivement.

La grande nef, dont la largeur est 17 mètres, est spécialement affectée à l'usinage des bouches à feu de gros calibres. Les deux halles de 9 mètres qui sont situées de part et d'autre de la grande nef, sont réservées à l'usinage des canons de moyen et petit calibres. La nef de 10 mètres est occupée par le petit outillage : tours ordinaires, tours de précision, machines à fraiser, machines à tailler les engrenages, machines à diviser, machines à percer, lapidaires, etc. La partie Nord de cette nef est réservée à la fabrication des fusées. L'atelier d'ajustage est établi dans des nefs de

Canon de siège de 12 o/m, pour le Gouvernement Serbe.

12 mètres ; on y termine les mécanismes de culasse, les tubes lance-torpilles, leurs fermetures, leurs accessoires. L'atelier de montage occupe la nef de 15 mètres qui limite les ateliers à l'Est et dont la grande étendue permet d'y effectuer aisément, en plus du montage proprement dit, des culasses, affûts, tubes lance-torpilles, etc., toutes les opérations ayant pour but

d'essayer leur fonctionnement avant leur envoi au champ de tir ou à bord.

Les Ateliers d'Artillerie du Havre comprennent, en plus des sept nefs juxtaposées, deux annexes; l'une séparée de la nef Ouest par une cour donnant accès sur le boulevard d'Harfleur, contient le magasin, l'infirmerie, la salle de visite, le logement du garde, et au premier étage les bureaux réservés aux Officiers contrôleurs Français et Etrangers. L'autre bâtiment annexe, situé au Nord, en bordure de la ligne des chemins de fer de l'Ouest, est occupé par une petite forge. Toutes les grosses pièces de forge sont faites au Creusot.

Les colonnes de l'atelier sont établies sur des pieux enfoncés à refus dans le terrain argileux. Ces pieux sont réunis par groupes de quatre ou six, leurs têtes sont noyées dans un massif de béton qui sert d'appui à la base de chaque colonne. Les colonnes supportent directement la charpente qui est entièrement métallique dans toutes les nefs, elles supportent également les chemins de roulement des ponts qui desservent les différentes parties de l'atelier.

La force motrice nécessaire au travail des machines-outils des ateliers est fournie par deux machines Compound du type pilon. Ces machines peuvent marcher accouplées ou isolément, elles actionnent l'arbre moteur à une vitesse normale de 90 tours par minute. Elles sont alimentées par deux générateurs Galloway; un troisième générateur semblable est en réserve pour permettre l'entretien et les réparations des deux autres. L'arbre des deux machines est disposé parallèlement aux longs pans des nefs des ateliers, la transmission du mouvement se fait alors facilement par deux poulies reliées sur l'arbre moteur, l'une d'elles actionne l'arbre de transmission de la nef la plus voisine et l'autre entraîne, au moyen de renvois souterrains, les cinq autres lignes de transmission.

Ces lignes de transmission sont constituées par des tronçons d'arbres de 6 mètres de longueur réunis par des manchons d'accouplement frettés, elles sont soutenues tous les trois mètres par des paliers graisseurs et des chaînes pendantes, pour les transmissions de la grande nef et par des consoles portées par les colonnes, pour les autres parties de l'atelier. Les colonnes portent, de plus, les renvois intermédiaires correspondant aux différentes machines-outils.

Les différentes nefs des ateliers sont desservies chacune par un certain nombre de ponts roulants électriques.

Canon de siège de 155 m/m, Transvaal.

La répartition de ces engins est la suivante :

La grande nef de 17 mètres emploie deux ponts, l'un de 60 et l'autre de 30 tonnes ; leurs vitesses peuvent être conjuguées de manière à concourir au soulèvement d'un poids de 90 tonnes. Les deux nefs situées à l'Ouest et à l'Est de la précédente sont desservies respectivement par des ponts de 30 et 40 tonnes. La partie Nord de la nef Ouest est munie d'un transbordeur à bras de 7 tonnes. L'atelier d'ajustage emploie deux ponts électriques de 3 tonnes pouvant être manœuvrés d'en bas et, en plus, deux transbordeurs à bras de 1 tonne 200. Enfin, l'atelier de montage est desservi par deux ponts de 30 tonnes et par quatre chevalets roulants prenant appui d'une part sur le chemin de roulement ménagé à mi-hauteur des colonnes et d'autre part sur une voie parallèle au long pan du bâtiment et disposée dans le plancher. Ces appareils servent particulièrement pour le montage des culasses des canons de gros calibres.

Canon de bord de 15 o/m à tir rapide, sur affût à pivot avant, pour le Cuirassé " Almirante Brown ", de la Marine Argentine.

L'outillage des ateliers comprend un nombre considérable de machines-outils, ainsi que des machines de précision à production intensive, qui permettent d'exécuter sans exception toutes les opérations de la fabrication du matériel de guerre de tous calibres ainsi que les munitions. Nous citerons simplement parmi les plus gros outils :

Huit grands tours permettant l'usinage de canons de 14 mètres de longueur pesant environ 100 tonnes.

Cet outillage est complété par les appareils servant à exécuter les essais mécaniques des métaux employés dans la construction du matériel. La machine d'essais à la traction est du système du colonel Maillard, avec manomètre différentiel Galy-Cazalat : elle a été construite par MM. Schneider et Cⁱᵉ. Les machines pour faire les essais de choc et de ployage ont été construites par les ateliers, conformément au modèle réglementaire de la Marine Française.

Le puits principal de frettage est placé dans la partie Nord de la grande nef, il a 8 mètres de profondeur sur 2 m. 50 de diamètre ; à côté se trouve une fosse où l'on exécute le chauffage au gaz des frettes et manchons. Des installations moins importantes du même genre sont réunies dans la partie Nord de la nef de 9 mètres située à l'Est de celle-ci.

Les Ateliers d'Artillerie sont reliés à la gare du Havre par une voie traversant tous les ateliers près de leur façade Nord; cette voie permet d'amener les wagons sous les ponts roulants des différentes nefs. Une seconde voie, parallèle à la première, est disposée entre les ateliers et la forge et sert comme voie de garage.

L'éclairage de nuit est assuré par un courant à 500 volts qui, en même temps que les moteurs de ponts roulants, alimente soixante lampes à arc réparties dans les différentes nefs et groupées par circuits de dix pour éviter l'emploi de transformateurs. L'éclairage est complété par quatre cents lampes à incandescence.

De nouveaux ateliers sont en construction en ce moment.

Polygones. — MM. Schneider et Cⁱᵉ disposent de trois polygones situés au Creusot, au Havre et à Harfleur; deux de ces polygones, situés à proximité des ateliers, sont plus spécialement affectés aux

Vue intérieure d'un des ateliers d'Artillerie.

essais de recette des divers matériels, et aux tirs sur plaques de blindages. Le troisième est particulièrement affecté aux expériences balistiques à grande portée, à l'étude expérimentale des tables de tir, aux essais de fusées et d'explosifs.

I — Champ de tir de la Villedieu au Creusot. —

Le polygone d'artillerie, situé à proximité de l'atelier Sud du Creusot, contient :

Deux chambres à sable de 10 et 12 mètres de profondeur placées en avant du polygone et une troisième chambre de dimensions réduites et de 7 mètres de profondeur placée à 125 mètres en arrière de la

Canon de bord de 15 o/m à tir rapide, sur affût à pivot central, pour le Cuirassé " Almirante Brown ", de la Marine Argentine.

chambre de gauche et dans son prolongement. Plusieurs terrains à la suite les uns des autres, dans le prolongement de la chambre à sable de droite, dont : un terrain pavé, un terrain de prairie, un terrain sableux, un terrain de remblais de scories et un terrain argileux destinés aux tirs de matériel de campagne et

Champ de tir de la Villedieu.

montagne. Quatre plateformes de tir. Quatre puits destinés à recevoir des tourelles, dont les profondeurs sont respectivement de 3, 4, 6 et 11 mètres. Un groupe de magasins à poudre. Une casemate située près de l'entrée du polygone contenant deux chronographes avec piles et accessoires. Les conducteurs aériens des chronographes et les cadres mobiles pouvant facilement se placer à une distance quelconque des bouches à feu. Quatre casemates diverses, une salle d'artifices, une salle de munitions, une salle de harnachements, un salon de réception et deux hangars.

Le polygone est desservi par les voies ferrées du réseau général de l'Usine, avec voies de raccordement et plaques tournantes placées dans l'intérieur du polygone près des plateformes, des puits de tourelles et des chambres à sable; un transbordeur de 50 tonnes et des grues roulantes à vapeur servent aux déchargements et aux manœuvres de montage.

Le courant pour l'éclairage électrique du polygone pendant les travaux de nuit et pour l'éclairage des tourelles, le courant nécessaire aux moteurs employés dans les travaux qui se présentent pendant le montage

Canon de campagne de 75 m/m, modèle 1895.

et dans le cours des essais est fourni par la station centrale; la ligne est aérienne.

Cet agencement, très complet, permet de faire rapidement et dans les meilleures conditions les essais d'épreuve du matériel, savoir :

Essais à la poudre des tubes de canons, essais qui consistent à placer en différents points déterminés du tube des charges de poudre vive, entre deux projectiles, de façon à produire de fortes pressions locales permettant de vérifier la résistance du tube après trempe et avant l'assemblage avec les autres éléments du canon.

Essais de résistance des bouches à feu.

Essais du matériel de montagne, de campagne.

Essais des affûts de siège, de place et de bord.

Essais des tourelles à bras, à éclipse, hydrauliques, électriques, etc., etc.

Vingt bouches à feu diverses, de 37 à 240 $\frac{m}{m}$, forment une batterie attachée à demeure au polygone et sont utilisées pour exécuter les tirs d'épreuve, d'étude et de recette des blindages fabriqués dans les Usines de MM. Schneider et Cⁱᵒ, au Creusot. Les appareils crushers, les vélocimètres, les manomètres enregistreurs, les appareils de mise de feu à distance complètent l'installation du polygone et permettent de se rendre un compte exact du fonctionnement de tous les organes du matériel en essai.

II — Champ de tir du Hoc. — Les installations du champ de tir du Hoc ont été faites sous la haute direction du général Sebert, ancien directeur du Laboratoire central de l'Artillerie de la Marine; elles ne comprenaient au début que les aménagements nécessaires pour l'exécution du tir des pièces et pour la confection des munitions. On leur a adjoint, en 1897, une installation complète pour la fabrication et le

chargement des artifices : étoupilles et fusées. Le
champ de tir, situé sur la rive droite de l'embouchure
de la Seine, est relié aux ateliers par une route et par
une voie ferrée, qui servent au transport du matériel
devant subir des essais de tir; les grosses pièces sont
transportées sur des trucs spéciaux ayant jusqu'à

Canon de 15 o/m à tir rapide.

cinq essieux. L'organisation du polygone permet
d'éprouver un matériel de puissance quelconque de
toutes les manières possibles : soit au point de vue
de ses propriétés balistiques, soit pour éprouver sa
résistance et son fonctionnement dans les cas les
plus variés. A cet effet, le champ de tir possède un
certain nombre de plateformes destinées à recevoir le
matériel : cinq d'entre elles permettent le tir dans
une chambre à sable; deux autres, placées sur le bord
de la digue de protection du champ de tir assurent
le tir à des angles de pointage quelconque et permettent de voir comment se comporte le matériel pour
tous les cas qui peuvent se présenter dans un tir de
combat. Le tir dans la chambre de sable s'exécute en
vue de mesurer les vitesses initiales des projectiles.

Champ de tir du Hoc.

Dans ce but, on interpose entre la pièce et la chambre deux cadres-cibles garnis de fils plans sur le trajet du projectile; quand celui-ci les traverse, il brise un certain nombre de fils et par ce fait, rompt un courant électrique relié aux appareils de mesure qui enregistrent le moment de son passage; on en déduit facilement la vitesse initiale. Les appareils employés sont des chronographes Le Boulengé-Bréger. Le champ de tir possède tous les appareils qui permettent de vérifier le fonctionnement du matériel : crushers, pour mesurer les pressions dans la pièce; manomètres enregistreurs, pour connaître les pressions développées dans les freins hydrauliques; vélocimètres, pour suivre le mouvement du recul de l'affût, etc. On peut ainsi se rendre compte exactement de tous les détails du fonctionnement des affûts, que le matériel soit tiré dans la chambre à sable ou bien en mer, sur la digue, où on peut l'éprouver aux angles positifs et négatifs, ce qui donne des indications très intéressantes, car c'est dans ce dernier cas que le matériel éprouve son maximum de fatigue. L'installation du champ de tir permet de faire les essais avec toute la sécurité possible; en plus des signaux qui en interdisent les abords au moment du tir, et éloignent les personnes étrangères, le personnel chargé des essais et les assistants se retirent dans des abris ménagés aux extrémités d'un parados situé derrière les plateformes. Un jeu de miroirs permet de suivre les péripéties du tir. Le feu est mis à la pièce à distance, soit que l'on emploie des étoupilles électriques, soit que l'on emploie des étoupilles ordinaires. De cette manière, personne ne reste auprès de la pièce quand on met le feu.

La poudrière est établie sur le côté du parados opposé aux plateformes et éloignée le plus possible des locaux où l'on manipule les explosifs et les poudres, dans la confection des fusées et des munitions. La confection des munitions occupe un certain nom-

bre de bâtiments établis très légèrement : salle
d'apprêts des charges et ateliers de chargement des
projectiles ; ces bâtiments sont disséminés et séparés
par des épaulements de terre ; on en a augmenté le
nombre, en diminuant leur importance, pour réduire
et localiser les effets d'un accident toujours possible
dans de semblables manipulations. Le même principe
a été appliqué dans l'établissement des locaux affectés
à la confection des artifices, où le travail est encore
plus délicat : ces locaux comprennent un laboratoire
et des ateliers de chargement, de construction légère
et isolés les uns des autres. Les installations du champ
de tir sont complétées par les bureaux, magasins et
ateliers de réparations nécessités par le Service. Les
différentes plateformes sont desservies par un transbordeur permettant de soulever et de transporter un
poids de 80 tonnes. Ce transbordeur se meut dans

Champ de tir à longue portée d'Harfleur.

une fosse ménagée à l'avant des plaleformes de tir et peut être mis successivement en rapport avec la voie ferrée reliant les ateliers au polygone et avec les différentes plateformes. Enfin, le champ de tir du Hoc est doté d'un puits d'éclatement, où l'on peut étudier en toute sécurité les effets destructeurs des projectiles et des explosifs, de même que le fonctionnement des fusées. Il possède, de plus, l'installation nécessaire pour effectuer les épreuves à la poudre des tubes devant constituer les bouches à feu; ces épreuves étant demandées quelquefois comme confirmation des résultats d'essais mécaniques exécutés pour ces pièces.

Champ de tir d'Harfleur. — En dehors des polygones de la Villedieu et du Hoc, MM. Schneider et Cie disposent encore du champ de tir d'Harfleur situé près du Havre, entre le canal de Tancarville et la mer. Cette installation forme le complément naturel de leurs divers Etablissements d'Artillerie.

Ce champ de tir, qui est du reste placé à quelques centaines de mètres des ateliers et du polygone du Hoc, est établi dans des terrains qui s'étendent sur une longueur de 16 kilomètres environ, de sorte qu'il permet d'exécuter, dans les meilleures conditions, tous les essais balistiques nécessitant des lignes de tir de 6 à 8 kilomètres :

Il sert spécialement :

1º A l'établissement des tables de tir des divers matériels;

2º Aux essais de précision de grande distance, notamment pour les matériels de campagne, de siège et de place;

3º Aux tirs avec explosifs puissants;

4º A l'étude expérimentale des fusées.

Ce champ de tir, qui est situé sur un terrain remarquablement uni, comprend trois lignes de tir principales, dont une spécialement affectée aux essais avec explosifs puissants ; comme il se trouve limité au Sud par le rivage même de la mer, la marée basse laisse à découvert des étendues considérables de terrains qui se prêtent, dans les meilleures conditions de sécurité, à ce genre de tir.

Il serait superflu d'entrer ici dans le détail des installations spéciales et des consignes qui régissent l'usage de ce polygone.

Champ de tir à longue portée d'Harfleur.

Le journal anglais " *The Times* " a appelé fréquemment l'attention de ses lecteurs sur les canons construits par MM. Schneider et Cie, en service dans l'armée Boër. Les n^{os} des 26, 28 et 29 décembre 1899,

sont à signaler spécialement parmi beaucoup d'autres,
on y relève les passages suivants :

« *Les Boërs se sont procuré les tout derniers types de*
» *canons, en comparaison desquels les canons anglais*
» *sont de types antiques.* »

« *Il est absolument évident que si des canonniers*
» *anglais avaient occupé les positions des Boërs et avaient*
» *tiré avec les canons que possèdent les Boërs, canons*
» *construits par MM. Schneider et C*^{le}*, les pertes en*
» *hommes et les pertes matérielles à Ladysmith, auraient*
» *été dix fois plus fortes.* »

Lord Dunraven, dans une lettre à l'éditeur du journal
" *The Times* " dit ceci : « .... *Si nous ne pouvons cons-*
» *truire des canons ayant une portée égale à celle des*
» *canons entre les mains des Boërs, n'est-il pas possible*
» *d'acheter de ces canons à l'étranger ? Si cela est possible*
» *pourquoi n'en achetons-nous pas ?* »

USINE A CETTE (Hérault)

MM. Schneider et Cie construisent à Cette, une Usine importante, pour la fabrication de la fonte, de l'acier et de produits laminés. L'Usine sera desservie par les lignes des chemins de fer Paris-Lyon-Méditerranée et du Midi; par le canal de Cette au Rhône, le canal du Midi et le port de Cette.

USINE DE CHAMPAGNE-S/-SEINE (S.-&-M.)

MM. Schneider et Cie, construisent à Champagne, une Usine importante pour la fabrication du matériel électrique. Placée entre la Seine navigable et la ligne de Melun à Montereau, l'Usine sera également desservie par voie d'eau et par chemin de fer.

" Charles-Martel "

l'un des Cuirassés de 1" rang pour lesquels MM. Schneider et Cⁱᵉ ont fourni l'appareil moteur, les tourelles cuirassées, et partie des matières de construction, des blindages et de l'armement.

TABLEAU CHRONOLOGIQUE

1253. — Vente par Henri de Monestoy à Hugues IV, duc de Bourgogne, de la " Villa de Crosot ".

1502. — Reconnaissance du gisement houiller du Creusot.

1769. — Concession à M. de La Chaise des mines de houille du Creusot et de Blanzy.

1781. — MM. Wilkinson, ingénieur anglais, et Toufaire, architecte français, terminent au Creusot les études relatives à l'installation de la Fonderie Royale.

1782. — Constitution, sous le patronage de Louis XVI, d'une Société pour l'exploitation des Fonderies royales d'Indret et de Montcenis (Le Creusot).

(Le roi Louis XVI avait une part importante dans cette Société).

1785. — Constitution, sous le patronage de la reine Marie-Antoinette, d'une Société pour l'exploitation de la " Manufacture des cristaux de la Reine ".

1787. — La " Manufacture des cristaux de la Reine " est réunie aux Fonderies royales d'Indret et de Montcenis.

1788. — Essai d'un canon fabriqué avec de la fonte française substituée à celle d'Angleterre.

1793. — Le Creusot est érigé en commune distincte de son ancien chef-lieu, Le Breuil.

1793. — Ouverture du canal du Centre.

1793 à 1814. — Le Creusot devient une usine pour le matériel de guerre, exploitée de 1794 à 1797, pour le compte de la Nation.

1805. — Naissance de M. J.-Eugène Schneider, à Bidestroff (Meurthe).

1818. — Achat des Usines du Creusot, par M. Chagot père.

1826. — Vente des Usines à la Société anglaise Manby-Wilson et formation de la Société Manby-Wilson et Cie.

1828. — Formation de la Société anonyme des Mines, Forges et Fonderies du Creusot et de Charenton.

1835. — Le premier haut-fourneau est en marche. La date d'allumage n'a pas été conservée; elle paraît remonter à 1830. De même pour les fours à coke.

1836. — M. J.-Eugène Schneider, maître de forges à Bazeilles (Ardennes), et son frère, M. Adolphe Schneider, achètent les Usines du Creusot.

1838. — Première locomotive fabriquée en France.

1839. — Création des Chantiers de Chalon-sur-Saône, pour la construction des ponts et charpentes métalliques, des coques de bateaux et du matériel de navigation.

1839. — Premier bateau pour navigation fluviale pour la France.

1840. Naissance de M. Henri Schneider.

1840. — Livraison au chemin de fer de Milan de la première locomotive fabriquée en France pour l'étranger.

1840. — Première machine pour navire de mer, pour la France.

1841. — Invention et installation du " Marteau-pilon à vapeur ".

1842. — Acquisition des Forges de Perreuil (Saône-et-Loire), transformées depuis en Usine de produits réfractaires.

1843. — Premier bateau pour navigation fluviale pour l'étranger.

1845. — Mort de M. Adolphe Schneider.

1845. — M. J.-Eugène Schneider est élu député de Saône-et-Loire (5e collège), le 13 septembre 1845; réélu le 1er août 1846.

1851. — M. J.-Eugène Schneider est nommé Ministre de l'Agriculture et du Commerce.

1852. — M. J.-Eugène Schneider est élu député du Corps législatif, qui le choisit pour un de ses vice-présidents.

1853. — Premières gabarres pour la navigation du Rhône.

1853. — Concession à MM. Schneider et Cie de la Mine de fer de Mazenay.

1855. — Acquisition de la Mine de fer de Change, concédée à M. Monnet le 19 juin 1852.

1855. — Premiers ponts métalliques construits par MM. Schneider et Cie, à leurs Chantiers de Chalon, pour la Cie Paris-Lyon.

1855. — Plaques de blindage pour batteries flottantes.

1858. — Pont tournant pour le port de Cherbourg.

1861. — Bateau-porte pour Brest.

1861. — Commencement des travaux de construction de la nouvelle Forge à laminoirs.

1863. — Mise en marche du puddlage de la nouvelle Forge, des gros trains nos 8, 9, 10, 11.

1865. — M. J.-Eugène Schneider est nommé Président du Corps législatif (fonctions qu'il remplit jusqu'en 1870).

1865. — Mise en marche de la Tôlerie no 4 : Tôles moyennes en plaques; des Tôleries nos 7 et 8 : Tôles minces en bidons de fer; des Tôleries nos 9 et 10 : Tôles minces en bidons de fer. — Mise en marche du Mill no 4.

1866. — Livraison des premières Locomotives fabriquées en France. pour l'Angleterre.

1866. — Mise en marche des Mills n°s 1, 2, 5 et 6 et de la Tôlerie n° 3, et arrêt des Laminoirs de l'ancienne Forge.

1866. — Construction par MM. Schneider et Cie de la pompe d'épuisement du Puits Saint-Laurent.

1867. — M. Henri Schneider est associé à son père.

1867. — Mise en marche de l'Aciérie Martin à la Forge

1867. — 14 Hauts-Fourneaux sont en feu.

1868. — Naissance de M. C.-P.-Eugène Schneider.

1868. — Fabrication des rails en acier Martin à la Forge.

1869. — Acquisition des Mines de houille de Montchanin et Longpendu. La Mine de Montchanin faisait partie de la concession du Creusot, dont elle a été séparée en 1838. La Mine de Longpendu avait été concédée, le 6 octobre 1832, à la marquise de Montaigu.

1869. — Acquisition des Mines de houille de Decize (Nièvre), concédées en 1836 à M. de Mallevaut.

1869. — Remorqueurs pour la Russie.

1869. — Construction de la première cheminée en tôle par MM. Schneider et Cie.

1870. — Construction d'un groupe Bessemer (deux convertisseurs de 6 tonnes).

1870. — Arrêt du puddlage de l'ancienne Forge.

1870. — Canons de campagne pour la France.

1872. — Construction d'un second groupe Bessemer (deux convertisseurs de 8 tonnes).

1873. — Construction de l'Aciérie Martin (6 fours à acier de 8 tonnes).

1873. — Ouverture d'un chemin de fer pour relier

les Mines de Decize au canal du Nivernais et au chemin de fer P.-L.-M.

1874. — Arrêt de l'Aciérie Martin à la Forge.

1874. — Construction d'un troisième groupe Bessemer (deux convertisseurs de 8 tonnes).

1874. — Acquisition des Mines de fer d'Allevard.

1875. — Pilon de 27 tonnes destiné au forgeage des canons de 95 $\frac{m}{m}$.

1875. — Canons de siège et de place pour la France.

1875. — Mort de M. J.-Eugène Schneider.

1875. — Fabrication des bandages sans soudure pour roues de locomotives et de wagons.

1875-1876. — Les ouvriers et habitants du Creusot font une souscription privée pour élever une statue à M. Joseph-Eugène Schneider. Cette statue est inaugurée en 1879.

1876. — Puddlage mécanique comprenant deux fours rotatifs, système Schneider, breveté, pour la production d'un fer supérieur destiné à la fabrication des aciers pour canons et blindages

1876. — Premier concours de Spezia. — Substitution de l'acier doux au fer dans la fabrication des blindages.

1876. — Application du boulon Schneider, breveté, à la fixation des plaques de blindages.

1877. — Première transformation de la Tôlerie n° 3, avec fours à gaz Siemens.

1877. — Installation de l'atelier de zingage aux Chantiers de Chalon-sur-Saône.

1877. — Charpente pour l'Exposition universelle de 1878.

1877. — Amodiation pour 76 ans des Mines de fer de Saint-Georges (Savoie), sept concessions.

1877. — Atelier spécial pour la fabrication des

plaques de blindages et des canons de gros calibres comprenant :

> Pilon de 100 tonnes desservi par 4 fours et 4 grues dont 3 de 100 tonnes et une de 150 tonnes.
>
> Fosse de coulée des lingots à canons et à blindages.
>
> Fosse à tremper les blindages, desservie par un pont roulant de 100 tonnes.
>
> Atelier d'usinage des blindages.

1877. — Fourniture à la Marine Italienne des blindages du " *Duilio* " et du " *Dandolo* ".

1878. — Ponts de campagne pour le Génie militaire français.

1878. — Pilon de 20 tonnes.

1878. — Septième four Martin (20 tonnes).

1878-1879. — Construction d'un chemin de fer et de plans inclinés pour l'exploitation des Mines d'Allevard.

1878-1879. — Tourelles cuirassées pour la France.

1879. — Allumage par M. Ferdinand de Lesseps du Haut-Fourneau qui a eu la plus longue durée (17 ans 7 mois).

1879. — Inauguration de la statue de M. J.-E. Schneider.

1879. — Début de la fabrication de l'acier Bessemer basique.

1880. — Installation pour tremper verticalement les éléments de canons de gros calibres.

1880. — Construction de fours pour le grillage des minerais d'Allevard.

1881. — Première fourniture à la Marine française de blindages en métal Schneider (cuirassement du " *Terrible* ") qui triomphe définitivement de toutes les résistances rencontrées par M. Schneider.

1882. — Deuxième concours de Spezia. — La plaque

en métal Schneider est la seule qui résiste au tir du canon de 100 tonnes. Les plaques anglaises sont détruites au deuxième coup de canon.

1884. — Pilon de 40 tonnes.

1884. — Canots à vapeur pour la France.

1884. — Transformation de la Tôlerie N° 4. — Installation du laminage des tôles en trio.

1885. — Presse hydraulique de 6.000 tonnes pour faire le gabariage des plaques de blindages.

1885. — Début de la fabrication des moulages d'acier.

1886. — Torpilleurs de 35 mètres pour la France.

1886. — Cessation de la fabrication des rails en fer et des gros rails en acier.

1887. — Premiers torpilleurs construits par MM. Schneider et Cⁱᵉ à leurs Chantiers de Chalon pour l'étranger.

1887. — Ponts pour le Chili, viaduc du Malleco et autres.

1887. — Mise en marche de la Tôlerie N° 2. — Installation de l'atelier du paquetage en boîte au puddlage (groupe N° 1).

1887. — Installation provisoire d'une fonderie d'acier dans la halle du Bessemer.

1888. — Construction des Ateliers d'Artillerie.

1888. — Première application de l'acier au nickel à la fabrication des plaques de blindages.

1888. — Commencement de la fabrication à la Forge des plaques de blindage. — Transformation des tôleries minces (suppression de la tôle mince en fer).

1889. — M. Henri Schneider est élu député de la deuxième circonscription d'Autun.

1889. — Première fourniture à la Marine française

des blindages en acier Schneider au nickel (cuirassement du " *Dupuy-de-Lôme* ").

1889. — Mise en marche de la première soufflerie Corliss aux Hauts-Fourneaux du Creusot.

1890. — Tir d'essai à Annapolis (Etats-Unis) d'une plaque Schneider en acier au nickel.

1890. — Presse hydraulique à forger de 2.000 tonnes.

1890. — Mise en marche du Blooming.

1891. - Pont sur la Borcéa (Roumanie).

1892. — Construction d'un atelier spécial de Fonderie d'acier.

1892. — Agrandissement de l'atelier d'usinage des blindages.

1893. — M. Henri Schneider est réélu député de la deuxième circonscription d'Autun.

1893. — Construction d'un huitième four Martin (25 tonnes).

1893. — Agrandissement de la fosse de coulée des gros lingots avec pont roulant électrique de 150 tonnes.

1893. — Fabrication des blindages cémentés.

1894. — Construction du tunnel sous la ville pour relier les Aciéries à la Forge.

1895. — Application de l'électricité comme force motrice à la Forge.

1895. — Construction par MM. Schneider et Cⁱᵉ, à leurs Chantiers de Chalon, des premiers remorqueurs de grande puissance pour la navigation du Rhône.

1895. — Nouvel atelier de fabrication des bandages.

1895. — Atelier de cémentation et de trempe des blindages.

1895. — Construction des fours à acier de 30 tonnes remplaçant les anciens fours.

1895. — Installation d'une presse hydraulique de 1.200 tonnes pour gabarier les blindages.

1895. — Installation d'un transport de force électrique aux Houillères de Decize.

1896. — Presse hydraulique de 10.000 tonnes à comprimer les lingots d'acier à l'état liquide.

1896. — Presse hydraulique à forger, de 3.000 tonnes, pour le forgeage sur mandrin des pièces cylindriques creuses (arbres, éléments de canons, etc...).

1896. — M. C.-P.-Eugène Schneider est associé à son père.

1897. — De 1836 à 1897, on a allumé 77 hauts-fourneaux.

1897. — Construction d'Ateliers spéciaux pour l'électricité.

1897. — Construction de la charpente monumentale pour la gare de Santiago (Chili).

1897. — Achat par MM. Schneider et Cⁱᵉ des Ateliers d'artillerie du Havre, qui appartenaient à la Société anonyme des Forges et Chantiers de la Méditerranée.

1898. — Commencement du fonçage du Puits Saint-Antoine au Creusot.

1898. — Construction de nouveaux Ateliers d'artillerie au Creusot.

1898. — Mort de M. H. Schneider.

1899. — Agrandissement des Ateliers de forgeage.

1900. — Installation du Champ de tir à longue portée à Harfleur.

l'un des Cuirassés de 1" rang pour lesquels MM. Schneider et C" ont fourni l'appareil moteur, les groupes électrogènes,
et partie des blindages et matières de construction.

TABLE DES MATIÈRES

Pages

Acier comprimé liquide (Presse de 10.000 tonnes) . .   38
Aciéries   37
Aciéries Martin et Bessemer 38-39
Acier moulé   39
Aciers et fers laminés (Production).   17
Affûts (Ferrures pour) fabriquées aux Chantiers de
    Chalon.   83
Ajustage des blindages   45
Ajustage et montage (Ateliers de constructions méca-
    niques).   65
Allevard (Mines de fer)   30
Allocations et libéralités diverses   18
Appareillage et bobinage (Ateliers d'électricité) . . .   71
Artillerie et fortifications.   89
Ateliers d'artillerie du Creusot   92
Ateliers d'artillerie du Havre   109
Ateliers des blindages   42
Atelier de bobinage et d'appareillage (Ateliers d'élec-
    tricité).   71
Ateliers de constructions mécaniques.   53
Ateliers d'électricité   70
Atelier de fabrication des bandages   47
Atelier de forgeage des grosses pièces   42
Atelier des modèles   69
Atelier d'outillage   68
Atelier de trempe   46

Bandages de roues de locomotives et wagons. . . .   47
Bateaux de rivière   78
Bateaux-portes   84
Bessemer (Aciérie) 38-39
Blessés et malades.   23
Blindages (Ajustage des).   45
Blindages (Atelier de fabrication des)   42
Blindages (Production de) 17-44

	Pages
Blindages (Train à).	52
Blindages (Trempe des)	46
Bobinage et appareillage (Ateliers d'électricité)	71
Boers (Canons Schneider employés par les)	126
Briques réfractaires (Production de)	32
Bureaux de bienfaisance.	22
Bureau de secours.	22
Caisse d'épargne.	19
Caisse de retraites pour la vieillesse	20
Caissons métalliques.	83
Canons fabriqués au Creusot (Les premiers)	89
Canons (Forgeage d'éléments de)	42-45
Canons (Trempe d'éléments de).	46
Capacité des hauts-fourneaux.	34
Cette (Usine de).	127
Champ de tir d'Harfleur.	124
Champ de tir du Hoc.	119
Champ de tir de la Villedieu	116
Champagne (Usine de).	127
Chantiers de Chalon-sur-Saône	78
Charpentes (Construction de).	82
Charpentes, ponts (Constructions navales).	78
Chaudières des hauts-fourneaux.	35-36
Chaudronneries	62
Coke et houilles (Consommation)	17
Coke (Fours à)	33-35
Compression de l'acier liquide.	38
Consommation de houilles, coke, fontes.	17
Constructions mécaniques (Ateliers de)	53
Constructions navales, ponts, charpentes (Production).	17
Constructions navales, ponts, charpentes (Services des)	78
Decize (Houillères de).	27
Dimensions du pilon de 100 tonnes.	43
Dimensions du train à blindages	52
Durée des hauts-fourneaux.	35
Eclairage et transport de force	73
Eclairage (Station centrale).	74
Ecoles.	22
Effectif du personnel.	18
Electricité (Ateliers)	70

Pages

Eléments de canons (Forgeage des) 42-44
Eléments de canons (Trempe des) 47
Epargne. 19
Essais (Ateliers d'électricité) 73

Ferrures d'affûts. 83
Fers et aciers laminés (Production). 17
Fonderie d'acier. 39
Fonderie de cuivre. 58
Fonderies de fer. 56
Fonte (Consommation) 17
Forgeage des grosses pièces 42
Forges à laminoirs 47
Forges à mains 60
Fortifications et artillerie 89
Fosse à couler (Dimensions de la grande). . . . 38
Fours à coke 33-35
Fours à puddler rotatifs. 42
Fours du pilon de 100 tonnes. 43

Gares (Construction de) aux Chantiers de Chalon . . 82
Généralités sur les Usines 16
Grue de 120 tonnes. 38
Grues du pilon de 100 tonnes. 44

Hauts-fourneaux. 32
Historique des Usines. 7
Hôpital 24
Hôtel-Dieu 24
Houilles et coke (Consommation) 17
Houillères du Creusot. 28
Houillères de Decize 27
Houillères de Montchanin et Longpendu 28

Infirmerie 25
Institutions patronales. 18

Laitiers (Emploi des) 37
Laminoirs 47
Libéralités et allocations diverses 18
Locomotives (Construction des) 65
Logement des ouvriers 20
Longpendu (Houillères de). 28

Pages

Machines de marine (Construction des)   66
Machines soufflantes des hauts-fourneaux.   32
Maisons d'habitation des ouvriers   19-20
Maison de retraite   23
Malades et blessés   23
Malades (Sœurs des).   25
Marcille (Ponts du général)   83
Marteau-pilon de 100 tonnes   43
Martin (Aciérie)   38
Matières consommées.   16
Mazenay et Change (Mines de fer de).   30
Médical et pharmaceutique (Service)   24
Mines de fer d'Allevard   30
Mines de fer de Mazenay et Change   30
Modelage   69
Montage et ajustage (Ateliers de constructions méca-
    niques)   65
Montchanin et Longpendu (Houillères de)   28
Moteurs à gaz (Construction des)   69
Moulages d'acier.   39
Moulages en fonte   56

Outillage   68
Ouvriers locataires.   20

Perreuil (Usine des produits réfractaires de) . . .   31
Personnel   16
Phosphates métallurgiques.   39
Pilon de 100 tonnes   43
Polygones   114
Polygone d'Harfleur   124
Polygone du Hoc   119
Polygone de la Villedieu   116
Pont roulant électrique de 150 tonnes.   38
Ponts et charpentes (Constructions navales)   17-78
Ponts Marcille   83
Premiers canons fabriqués au Creusot   89
Presse de 10.000 tonnes à comprimer l'acier liquide .   38
Presses à forger.   42
Presses à gabarier   42
Production des fonderies de fer   57
Production des forges à laminoirs   52
Production des forges à main.   61
Production des hauts-fourneaux   35

Pages

Produits fabriqués annuellement 16
Produits réfractaires (Usine de) 31
Propriété du foyer 19

Remorqueurs (Construction de) 78-88
Retraite (Maison de) 23
Retraites 20

Sables et terres de moulage (Fonderie de fer) 58
Scories de déphosphoration 39
Secours (Bureau de) 22
Service médical et pharmaceutique 24
Siemens-Martin (Aciéries) 38
Sœurs des malades 25
Station centrale d'électricité 74
Subventions charitables 22
Superficie des établissements et terrains 17

Tableau chronologique 129
Tenders (Construction de) 82
Terres et sables de moulage (Fonderie de fer) . . . 58
Torpilleurs (Construction de) 84
Train à blindages 52
Transport de force et éclairage 73
Transvaal (Canons Schneider au) 126
Travées démontables Marcille 83
Trempe des blindages 46
Trempe des éléments de canons 47

Vieillesse (Caisse de retraites pour la) 20

www.ingramcontent.com/pod-product-compliance
Lightning Source LLC
Chambersburg PA
CBHW062012200326

41519CB00017B/4778